JN107454

品質不正の未然防止

JSQC における調査研究を踏まえて

一般社団法人 日本品質管理学会 監修

永原　賢造　著

日本規格協会

JSQC選書
JAPANESE SOCIETY FOR
QUALITY CONTROL

35

発刊に寄せて

　日本の国際競争力は，BRICs などの目覚しい発展の中にあって，停滞気味である．また近年，社会の安全・安心を脅かす企業の不祥事や重大事故の多発が大きな社会問題となっている．背景には短期的な業績思考，過度な価格競争によるコスト削減偏重のものづくりやサービスの提供といった経営のあり方や，また，経営者の倫理観の欠如によるところが根底にあろう．

　ものづくりサイドから見れば，商品ライフサイクルの短命化と新製品開発競争，採用技術の高度化・複合化・融合化や，一方で進展する雇用形態の変化等の環境下，それらに対応する技術開発や技術の伝承，そして品質管理のあり方等の問題が顕在化してきていることは確かである．

　日本の国際競争力強化は，ものづくり強化にかかっている．それは，"品質立国"を再生復活させること，すなわち"品質"世界一の日本ブランドを復活させることである．これは市場・経済のグローバル化のもとに，単に現在のグローバル企業だけの課題ではなく，国内型企業にも求められるものであり，またものづくり企業のみならず広義のサービス産業全体にも求められるものである．

　これらの状況を認識し，日本の総合力を最大活用する意味で，産官学連携を強化し，広義の"品質の確保"，"品質の展開"，"品質の創造"及びそのための"人の育成"，"経営システムの革新"が求められる．

4

"品質の確保"はいうまでもなく，顧客及び社会に約束した質と価値を守り，安全と安心を保証することである．また"品質の展開"は，ものづくり企業で展開し実績のある品質の確保に関する考え方，理論，ツール，マネジメントシステムなどの他産業への展開であり，全産業の国際競争力を底上げするものである．そして"品質の創造"とは，顧客や社会への新しい価値の開発とその提供であり，さらなる国際競争力の強化を図ることである．これらは数年前，(社)日本品質管理学会の会長在任中に策定した中期計画の基本方針でもある．産官学が連携して知恵を出し合い，実践して，新たな価値を作り出していくことが今ほど求められる時代はないと考える．

ここに，(社)日本品質管理学会が，この趣旨に準じて『JSQC選書』シリーズを出していく意義は誠に大きい．"品質立国"再構築によって，国際競争力強化を目指す日本全体にとって，『JSQC選書』シリーズが広くお役立ちできることを期待したい．

2008年9月1日

社団法人経済同友会代表幹事
株式会社リコー代表取締役会長執行役員
(元 社団法人日本品質管理学会会長)

桜井　正光

ま　え　が　き

　日本品質管理学会の信頼性・安全性計画研究会（以下，RS 研究会という．）では，長年，製品・サービスの信頼性と安全性の確保のあり方を研究・発信してきた．2017 年当時は，自動車の自動運転やドローンの信頼性・安全性の規格のあり方，社会インフラの橋梁やトンネル等の劣化に伴うトラブル予防等を研究テーマとしていたが（第 4 期主査：岡部康平），9 月から 11 月の短期間に，日本の製造業を代表する自動車産業 2 社及び素材産業の 3 社で立て続けに品質不正が発覚した．これらに対して，国内のみならず海外の主要メディアまでが"長い間世界中で手本となってきた Japan Quality にいったい何が起こっているのか"の特集を組む等をして"Made in Japan"ブランドに対して不信感を露わにした．

　このような状況に，日本品質管理学会は会長名で緊急声明を発した．また，これを受けて，RS 研究会では一部の研究を中断し，品質不正の実態把握に基づいて，日本の産業界全体に適用できる未然防止の方法のあり方を研究テーマにした．この研究成果は 2019 年から 10 篇の論文が学会誌『品質』に掲載された（筆者も 4 篇の論文に関わった．）．

　その後，2020 年の暮れからほぼ 1 年余りの間に，今度は米国の UL 規格に関する品質不正が 4 社で発覚する等，憂慮すべき状況が深まった．これらに鑑みて，日本品質管理学会内で品質不正撲滅に有用な技術情報をまとめたテクニカルレポート（以下，TR とい

う．）の原案を作成するためのワーキンググループ（主査：平林良人）がスタートした．本書の発刊が検討された際に，RS 研究会と品質不正 TR 原案作成ワーキンググループ双方のメンバーであったことから，筆者が両者の協力をいただいて執筆を担当することになった．執筆にあたっては，公表されている第三者調査委員会の報告書などを参考にした．

さて，品質とは顧客・社会のニーズを満たす度合であるという立場からすれば，品質保証と顧客価値創造は密接に関係するものとして捉えられる．カール・アルブレヒト提唱の"顧客価値4段階"説でいえば，競争の主戦場は顧客がいまだ気がついていない"未知価値"の創造領域に移っている．他方，品質不正は，取引に欠かせない"基本価値"であり，満たされることが当たり前で，絶対に起こしてはならない領域である．ここからいかに早く脱出するかが，品質保証面及び顧客価値創造面において最もプライオリティが高いことは言うまでもない．

2017 年に続けざまに品質不正が発生した際に，経済団体連合会が品質保証の緊急見直しを求め，5 社から品質不正報告があったと公表した．しかし，その後も品質不正の発覚は減るどころか増加傾向にさえある．1980 年代には，世界を席巻するまでに成長を遂げた原動力の TQC・TQM（総合的品質管理）に，1990 年代初頭より多くの組織で ISO 9001 に基づく品質マネジメントシステムを加え，"プロセスの見える化"とその"エビデンス化"を確かなものにしたはずなのに，これらが十分に機能していないことが伺える．

これらの背景には，時代が求める内部統制が不十分であるにもか

かわらずに"たぶん，うちの会社は品質不正を起こしていないと思う."というような希望的観測をしていないであろうか.

振り返れば，米国エンロン社は巨額粉飾に関する金融不正が明かるみに出て 2001 年に倒産した．これに対して通称 SOX 法が定められ，日本でも金融商品取引法の内部統制（対象：財務報告）に関する規定として J-SOX 法が 2006 年に定められた．また，財務及び非財務双方を対象とした"会社法"が 2006 年に施行され，各種不正を発生させない内部統制の強化が求められるようになった．これは，各種不正等を起こしてしまってからの再発防止ではなく，各種不正を起こさないための未然防止活動を全社・全グループで行うことが重要という社会的な要求が強まったことの表れといえる．

内部統制は，内在するリスクに関する"リスク評価とその対応"によって，予想できるリスクに対してあらかじめ対処するプロセス整備が極めて重要となる．これで整備されたプロセスを"日常管理"に準じ，全構成員が各々の役割に応じて確実に実施することが品質不正を防ぐポイントとなる．中でも事業活動に関係する法令・規格・顧客との契約等を確実に守るために，組織内の規則・規定・技術標準・作業手順等の標準類に確かなプロセスを組み込み，忠実に実施することが基本となる．

本書では，上記のような状況を踏まえて，RS 研究会での検討内容，品質不正 TR 原案作成ワーキンググループでの検討内容，及び企業でリスクマネジメント，クライシスマネジメントプロセスの整備に携わった経験を踏まえて，具体的にどう取り組めばよいのか，筆者なりの考え方を示したい．

　構成としては，第1章で品質保証・顧客価値創造と品質不正の関係や法規制等を概観した後，第2章では品質不正の実態に三つの視点からスポットを当てる．その上で，第3章では品質不正がなぜ起きてしまうのかの要因を追究し，第4章では品質不正をなくすためにはどうすればよいかをまとめる．さらに，第5章では品質不正の根底に人づくりがあること，加えて，日本の国際競争力が1990年代の中頃から下がり，長きにわたって低迷していることに対して，脱出への一提案をさせていただいた．本書が，品質不正の防止にわずかでもお役に立てることがあればと願うところである．

　最後に，本書を著すにあたって，品質不正TR原案作成ワーキングの平林良人主査をはじめとする委員の方々が議論を重ねて作成された原案の知見を多く取り入れさせていただいた．また，RS研究会の皆様には研究内容についての議論を通じて多くの気づきを与えていただくとともに，岡部康平前主査，横川慎二現主査からは本書の執筆にあたって推薦をいただいた．加えて，JSQC選書刊行特別委員会の飯塚悦功委員長，査読をご担当いただいた中央大学の中條武志教授と早稲田大学の棟近雅彦教授，並びに委員の諸先生には本書の構成等についての貴重なご意見をいただいた．また，日本規格協会編集制作チームの柴崎一成氏には大変お世話になった．これらの各位に対して心から感謝申し上げる次第である．

2023年6月

永原　賢造

目　　次

発刊に寄せて
まえがき

第1章　品質不正とは何か

1.1　品質保証／顧客価値創造と品質不正の関係 …………………… 13
1.2　不祥事と不正の違い ……………………………………………… 18
1.3　品質不正の定義と品質不正の種類 ……………………………… 20
1.4　品質不正に関係する法規制の概況 ……………………………… 21

第2章　日本を牽引する組織で一体何が起こっていたのか

2.1　品質不正の実態を解き明かすための三つの視点 …………… 25
2.2　視点1：自動車・素材メーカー6社の品質不正の実態 ……… 26
　　2.2.1　自動車メーカー2社の品質不正の実態 ………………… 26
　　2.2.2　素材メーカー4社の品質不正の実態 …………………… 33
　　2.2.3　自動車・素材メーカー6社から見える共通的な現象 … 38
2.3　視点2：UL規格品質不正4社の実態 ………………………… 42
　　2.3.1　UL規格とは ………………………………………………… 42
　　2.3.2　UL規格品質不正4社の実態 …………………………… 43
　　2.3.3　UL規格品質不正4社から見える共通的な現象 ………… 50
2.4　視点3：18社の品質不正概観による追加検証 ……………… 53
　　2.4.1　第三者報告書から見える共通的な現象 ………………… 53
　　2.4.2　第三者報告書で説明されている再発防止策 …………… 57

第3章　品質不正はなぜ起きてしまうのか

3.1　品質不正の長期常態化はどのようなメカニズムで
　　起きるのか ……………………………………………………… 59
　　3.1.1　人の不適切な行動はどのようなメカニズムで
　　　　　生まれるのか …………………………………………… 60
　　3.1.2　10社での事例によるリーダーシップの検証 ………… 62
　　3.1.3　"常態化した品質不正"発生のメカニズム ………… 65
3.2　第三者報告書等から見える品質不正の発生要因 ………… 71
　　3.2.1　経営姿勢面 ……………………………………………… 71
　　3.2.2　品質部門の組織設計面 ………………………………… 78
　　3.2.3　プロセスのマネジメント面 …………………………… 82
　　3.2.4　再発防止策の深堀り面 ………………………………… 85
　　3.2.5　公正・公明な人事評価面 ……………………………… 86
　　3.2.6　就業規則面 ……………………………………………… 87
3.3　品質不正に関する内側からの本音とその背景 …………… 87
3.4　品質不正を許している脆弱な組織能力 …………………… 89
　　3.4 1　組織能力の基盤を成す組織文化・風土 …………… 90
　　3.4.2　"誠実"な価値観が未形成な組織文化・風土 ……… 94
　　3.4.3　組織能力の発揮につながらない脆弱な組織文化・風土 … 95
3.5　品質不正発生要因のまとめ ………………………………… 97

第4章　品質不正をなくすためにはどうすればよいか

4.1　製品・サービスをつくり込む構造の抜本的な改善・革新 … 102
　　4.1.1　製品の品質・サービスの質をつくり込む構造の理解 …… 102
　　4.1.2　TQM活用による品質／質のつくり込み ……………… 104
　　4.1.3　品質つくり込みプロセスの改善・革新に向けた
　　　　　トップマネジメントの役割と責任 ………………… 117
4.2　内部統制の整備・充実 ……………………………………… 119
　　4.2.1　会社法が求める内部統制のポイント ………………… 120
　　4.2.2　リスクマネジメントの促進 …………………………… 124

4.2.3 クライシスマネジメントの促進 ……………………… 133

4.3 日常管理の充実 ……………………………………………… 136

4.3.1 日常管理の基本となる SDCA サイクル ……………… 136

4.3.2 部門の使命・役割の明確化と標準化 ………………… 138

4.3.3 管理項目・管理水準の設定と異常の見える化 ……… 142

4.3.4 異常の検出と共有及び再発防止の徹底 ……………… 146

4.4 品質不正を見つけるためのツール活用とその限界 ……… 150

4.5 セルフアセスメント（自己評価）の活用拡大 …………… 154

4.6 JSQC 規格の活用拡大 ……………………………………… 157

4.7 グローバル視点に立った顧客価値創造の追究 …………… 160

4.8 誠実でオープンな組織文化・風土の醸成 ………………… 164

4.9 公正・公明な人事評価と品質不正関与が懲罰の対象
であることの明確化 ………………………………………… 168

第5章　人づくりの重要性の再確認

5.1 懸念される教育貧困の実態 ………………………………… 169

5.2 日本の国際競争力の推移から見える課題 ………………… 172

付録資料　2015〜2022 年の主な品質不正一覧 ………………… 176

本書執筆のもととなった主な活動とその発信情報 ………… 178

索　引 ………… 179

第1章　品質不正とは何か

　顧客・社会のニーズを満たす製品・サービスを提供していくことが組織（企業）の使命・役割であり，その過程で品質不正を起こしてはならない．本章では，品質保証／顧客価値創造と品質不正の関係，不正と不祥事との関係，品質不正とは何か，及び品質不正に関係する法規制について概観する．

（1.1）　品質保証／顧客価値創造と品質不正の関係

（1）　品質保証とは何か

はじめに "品質保証とは何か" を見てみよう．日本品質管理学会（The Japanese Society for Quality Control：以下，JSQC という．）は，品質保証を次のとおりに定義[1]している．

　『顧客・社会のニーズを満たすことを確実にし，確認し，実証するために，組織が行う体系的活動．

　　　注記1　"確実にする"は，顧客・社会のニーズを把握し，それに合った製品・サービスを企画・設計し，これを提供できるプロセスを確立する活動を指す．

---

1)　JSQC-Std 00-001：2018　品質管理用語, pp.4-5, 日本品質管理学会

注記2 "確認する"は，顧客・社会のニーズが満たされ
ているかどうかを継続的に評価・把握し，満たさ
れていない場合には迅速な応急対策及び／又は再
発防止対策を取る活動を指す．

注記3 "実証する"は，どのようなニーズを満たすのか
を顧客・社会との約束として明文化し，それが守
られていることを証拠で示し，信頼感・安心感を
与える活動を指す．

注記4 上記の定義の目的部分"顧客・社会のニーズを満
たすこと"を品質保証という場合がある．』

少し補足すると，品質保証とは，

―顧客・社会のニーズに合った製品・サービスを生み出すプロセ
スをつくり，

―つくったプロセスどおりに実施しながら，それが顧客・社会の
ニーズを満たすものになっているかどうかを継続的に監視・評
価して，もしも外れたら速やかに応急処置や再発防止策を実施
し，

―顧客・社会と約束したニーズを明文化した上で，それらの満た
し具合をエビデンスによって顧客に誠意をもって示す．

のことである．

　品質保証は，"検査をして悪いものを外に出さない"とか，"市場
に出してしまったクレームを処置する"こと等と限定的な事柄と勘
違いされていることがあるが，それは品質保証のごく一部であっ
て，本来は顧客・社会のニーズを満たすための体系的な活動全体を

指すものと捉えるのがよい.

(2) 顧客価値とは何か

次に, "顧客価値とは何か" を見てみよう. 顧客価値とは "組織が顧客・社会に対し提供する製品・サービスに対して顧客・社会が認める価値" であり, 顧客・社会が製品・サービスの役に立ち度合を見定めて評価する結果である. 価値を認めてもらえれば購入や利用をしていただけるし, 認めてもらえなければ購入や利用に至らない. 顧客価値を考える上では, 表1.1 に示すカール・アルブレヒト

表1.1 カール・アルブレヒト提唱の "顧客価値4段階"

区分	段 階	内 容	キーワード
W A N T 領 域	第4段階 **未知価値**	顧客の願望や期待のレベル超えたものが提供され, 顧客に驚きを持って受け入れられる要因.	・驚嘆, 感動 （予想外価値ともいう.）
	第3段階 **顧望価値**	顧客は必ずしもそれがあることを期待してはいないが, もし, それがあるならば高く評価することが明らかな要因.	・満足
M U S T 領 域	第2段階 **期待価値**	取引に臨むにあたり, 顧客が当然視する要因.	・クレーム ・苦情 ・不満
	第1段階 **基本価値**	有形無形を問わず価値経験の中で絶対不可欠な要因. これが欠けているようでは取引が成立しない.	・取引不成立 ・取引停止 ・訴訟 ・罰金

［出典：カール・アルブレヒト著, 和田正春訳(1993)：見えざる真実, 日本能率協会マネジメントセンター, pp.167-169 をもとに一覧表化し, 区分列とキーワード列を筆者が追加.］

が提唱した“顧客価値4段階”[2]説がわかりやすい.

　まず，第1段階の“基本価値”は，取引の基本となる必須要素であり，必ず満たされなければならない領域である．ここが満たされないとクレームはもとより場合によって行政指導や取引停止に，また訴訟に発展することにもなる．本書で取り扱う“品質不正”はここに該当する.

　第2段階の“期待価値”は，顧客がごく当たり前に満たされると考える領域で，満たされないとクレームや苦情として提供者に善処を求めるか，又は不満を抱えたまま再購入・再利用せずに去っていくことになる.

　第3段階の“願望価値”は，顧客の要望をよく聞き，製品・サービスをつくり込む最も一般的な形態である．この領域で，顧客・社会のニーズの把握を多くの組織が実施してきている．20世紀はこの願望価値に合致した製品・サービスの提供プロセスの整備とその実施が中心であったといえよう.

　第4段階の“未知価値（予想外価値ともいう.）”は，期待や願望のレベルを超えて喜びや感動を与える領域である．21世紀に入ってからは明らかに製品・サービスのつくり方が変わってきており，この領域の比率が拡大している.

　例えば，アップルのスティーブ・ジョブズは，“顧客に聞いてもわからない，顧客は見せられ，使ってみて，又は利用してみて初めてそのあまりもの便利さや心地よさに驚嘆し，一度使ったり，利

2）　カール・アルブレヒト著，和田正春訳(1993)：見えざる真実，日本能率協会マネジメントセンター，pp.167-169

用したりすると二度と手放せなくなってしまう."という領域へと
導いた．2007年の発売開始後，10年ほどで当時の世界人口約70
数億人の内40億人以上の人々がスマホを持つに至ったが，iPhone
が出る前はテンキー入力で，電話，メールしかできなかったもの
を，キーボードレスで電話，メールに加えて検索エンジンまで積
み，それがポケットに入ったのだから，顧客・社会は一度そのすば
らしさを体験してしまったら後戻りできなくなったのである．これ
は，もはや従来価値観の延長の改良レベルではなく，まさに未知価
値とか予想外価値と呼ばれるにふさわしい革新であった．

　企業の中には，顧客から明示的に要望された製品・サービスづく
りは他社が手がけているだろうから行わず，顧客・社会がまだ気づ
いていない，聞いてもわからない領域の製品・サービスの開発に
特化して高収益を上げているところもある．このように，"未知価
値"の領域の比重はますます高まってきている．

(3)　品質保証と顧客価値創造の関係

　品質保証と顧客価値が意味するものを確認したところで，"品質
保証"と"顧客価値創造"との関係を確認しておこう．

　品質保証とは，広く捉えれば前述のとおりに，顧客・社会のニー
ズを満たす体系的な活動であり，それはまさに顧客価値の基本価値
や願望価値の"MUST領域"は当たり前のように満たした上で，
願望価値やそれを超えた未知価値の"WANT領域"を創り出すこ
とを含むものである．そう考えると，品質保証と顧客価値創造とは
ほぼ同義語として捉えることができると言えよう．

1.2　不祥事と不正の違い

　"不祥事"は，辞書（広辞苑）によると，『関係者にとって不名誉で好ましくない事柄・事件』『――が起こる』とある．

　使用例を見るに，日本弁護士連合会での『企業等不祥事における第三者委員会ガイドライン』[3]では，不祥事とは，『企業や官公庁，地方自治体，独立行政法人あるいは大学，病院等の法人組織（以下，"企業等"という．）において，犯罪行為，法令違反，社会的な非難を招くような不正・不適切な行為をいう．』としている．これからは，不祥事＝不正＋不適切な行為という解釈で，不祥事の中に不正があることを示していることがわかる．

　また，日本監査役協会では，企業不祥事又は不祥事とは，『会社の役職員による不正の行為又は法令もしくは定款に違反する重大な事実，その他会社に対する社会の信頼を損なわせるような不名誉で好ましくない事象をいう．』[4]としている．ここからは，不祥事＝会社役職員による①重大な事実（不正行為，法令違反，定款違反）＋②会社に対する社会の信頼を損なわせるような不名誉で好ましくない事象としていることが推察できる．

　他方，"不正"に関して辞書（広辞苑）では，『正しくないこと．正義でないこと，よこしまなこと．』『――を働く』『――行為』とある．使用例を見ると，日本公認会計士協会の『会計監査用語解説

---

3)　日本弁護士連合会(2010)：企業等不祥事における第三者委員会ガイドライン，策定にあたって，p.1
4)　日本監査役協会ケース・スタディ委員会(2009)：企業不祥事の防止と監査役，p.4

集』[5]には，不正とは，『財務諸表の意図的な虚偽の表示であって，不当又は違法な利益を得るために他者を欺く行為を含み，経営者，取締役等，監査役等，従業員又は第三者による意図的な行為をいう．』とある．また誤謬とは，『財務諸表の意図的でない虚偽の表示であって，金額又は開示の脱漏を含む．』としており，意図的な不正と意図的でない誤謬とを明確に区別しているところに特徴がある．

　以上を踏まえると，不祥事のほうが概念として広く，不正は不祥事の中の "意図的な法令違反，契約違反，標準違反" 等として捉えるとわかりやすくなる．これを模式的に表すと，図 1.1 のように，不正領域が不祥事領域に内包される構造となろう．

　なお，不祥事の "祥" の意味合いは，"めでたい" 意味であるこ

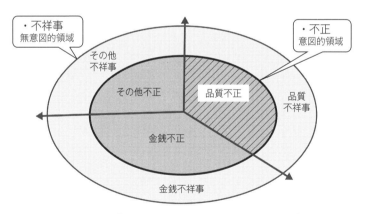

図 1.1　不祥事と不正の関係概念図及びそれらの種類

---

5)　日本公認会計士協会(2013)：会計監査用語解説集，不正・誤謬

とから，絶対に起こしてはならない不正を，不祥事＝"めでたくないこと"とぼかしてはならないと考える．

　本書では，図 1.1 に示す不正の中で"品質不正"を対象とし，詐欺・横領や粉飾決算等の"金銭不正"及び不正アクセスによる個人情報の売買や流失等の"その他の不正"は取り扱わない．

1.3　品質不正の定義と品質不正の種類

　本書では，品質不正の定義は JSQC が定める次の定義[6]を用いる．よって，品質不正の種類は，注記 5 に記す 4 種類ということになる．

　　『製品及びサービスを顧客・社会に提供するに際して，人が意
　　　図的に行った，標準，契約及び法令から逸脱した行為によっ
　　　て引き起こされた，品質保証の観点から容認できない事象．
　　　　注記 1　ここでいう"人"とは業務の実務者，管理・監督
　　　　　　　　者から経営層までを意味する．
　　　　注記 2　品質保証は，JSQC-Std 00-001:2018 で定義され
　　　　　　　　たものを適用する．(1.1 節を参照)
　　　　注記 3　品質不正は，標準から逸脱した行為が一つ或いは
　　　　　　　　複数重なって引き起こされる．
　　　　注記 4　ここでいう標準とは，組織内規定，その他組織が
　　　　　　　　遵守すると決めた事項等をいう．

---

6)　JSQC-TR12-001：2023　テクニカルレポート　品質不正防止, pp.6-7, 日本品質管理学会

注記5 品質不正を引き起こす行為には次のようなものがある.

①違反：標準（作業標準，技術標準，顧客要求事項など）を意図的に逸脱すること.

②隠蔽：顧客・社会を欺くために，標準から逸脱したことを隠すこと.

③改ざん：顧客・社会を欺くために，組織に存在するデータ，事柄を変造，偽造すること.

④捏造：顧客・社会を欺くために，組織に存在しないデータ，事柄を作り出すこと.

注記6 意図的に行った行為のうち，端緒において顧客・社会に対して害を与える意図が初めから明確なものは，品質不正の原因と見なさず，犯罪として別途扱うのがよい.』

1.4 品質不正に関係する法規制の概況

コンプライアンスの原点は"法令遵守"であり，品質不正とコンプライアンスは切っても切れない関係にある. そこで，品質不正をめぐる様々な概念を整理してきた本章の最後に，品質不正に関係する法令類を見ておこう.

関係する法令は多くあるが，ここでは主なものとして"不当競争防止法""各種品質確保に関する法律（品確法）"，及び"会社法"を確認する.

（1）　不正競争防止法[7]

　第一条の目的に，事業者間の公正な競争及びこれに関する国際約束の的確な実施を確保するため，不正競争の防止及び不正競争に係る損害賠償に関する措置等を講じ，もって国民経済の健全な発展に寄与することとしている．第二条の定義には，22 種に及ぶ広範な範囲を対象であることを説明している．その中には，他人の商品・営業の表示（商品等表示）として著名なものを自己の商品・営業の表示として使用する行為，原産地・品質・内容等について誤認させるような表示をしてその表示をした商品を譲渡等する行為，競争関係にある他人の営業上の信用を害する虚偽の事実を告知又は流布する行為など，多岐にわたっている．

　この法律の持つ役割については，図 1.2 の経産省が作成した簡略説明図に示すように，社会が正常に機能するためには，企業間競争が公正に行われる必要があるとしている．

（2）　各種品質確保に関する法律（品確法）

　品質確保と名付けられた法律は 3 種類あり，国民生活の中で特に影響の大きな分野に関して，品質確保のあり方を規定している．

（a）　揮発油等の品質の確保等に関する法律

　国民生活と関連性が高い石油製品である揮発油・軽油及び灯油について低質を排除し，適正品質を安定的に供給するため，その販売等について必要な措置を講じて消費者の利益を保護している．ま

7）　経済産業省知的財産政策室(2022)：不正競争防止法テキスト

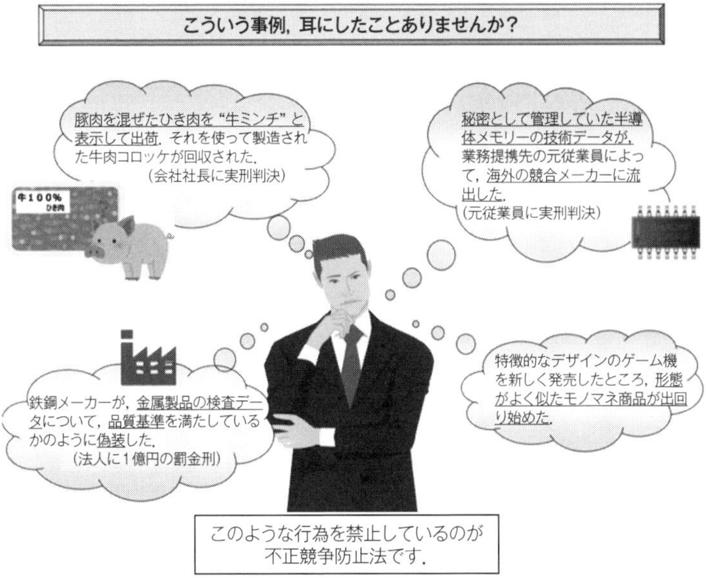

図 1.2　不正競争防止法の概要

[出典：経済産業省(2022)：不正競争防止法テキスト，pp.3-4 の 2 枚の図をもと
に筆者が編集.]

た，重油については，海洋汚染等の防止に関する国際約束の適確な
実施のために，必要な措置を講じることを目的としている．

（b）　住宅の品質確保の促進等に関する法律

　住宅について，その構造・設備・建て方等が複雑化し，これらに
よる欠陥問題等が引き起こされてきた経緯から，これらの問題を予
防し，適切な処理が促進されるために成文化された．特徴は，住宅
の性能に関する表示基準・評価制度を設け，住宅紛争の処理体制を
整備し，新築住宅の請負契約・売買契約における瑕疵担保責任につ

いても規定し，住宅の品質確保の促進・住宅購入者等の利益の保護・住宅紛争の迅速・適正な解決を図ることを目的としている点である．

（c）　公共工事の品質確保の促進に関する法律

公共工事の品質確保に関する国・地方公共団体，受注者等の責務，品質確保のための基本理念，基本方針を明記し，受注者の技術的能力の審査等を義務付けることにより，品質確保の促進を図ることを目的としている．

（3）　会社法

会社法は，経営者に内部統制システムの構築・整備をすることを規定している．具体的には，取締役・監査役は，内部統制システムの構築・整備に関して，次項の実施が求められている．

① 　取締役の職務執行に関する情報保存及び管理に関する体制．

② 　損失の危機の管理に関する規定その他の体制．

③ 　取締役の職務執行が効率的に行われることを確保する体制．

④ 　使用人の職務の執行が法令及び定款に適合することを確保する体制．

⑤ 　当該株式会社並びにその親会社及び子会社からなる企業集団における業務の適正を確保する体制．

なお，品質不正の未然防止にあたっては，会社法は極めて重要であり，4.2 節でその内容と活用について詳しく触れる．

第2章 日本を牽引する組織で一体何が起こっていたのか

(2.1) 品質不正の実態を解き明かすための三つの視点

2015年以降の主だった品質不正の発生状況を巻末（176ページ）の付録資料に示す．これを見ると，年度が進むに従って品質不正が減少傾向にないのが残念である．

この章は，付録資料のリストの中の代表的な事例を取り上げて次に示す三つ視点から日本を牽引する組織で一体何が起こっていたのかの実態を把握し，次章の品質不正が起こった要因を探ることにつなげる．

視点1：2017年9月〜11月の短期間の間に，自動車産業2社と素材産業3社で立て続けて品質不正が発生した．これに，翌年に素材産業で起こった1社を追加した6社の実態を確認する．

視点2：2020年10月〜2022年1月の1年余りの期間に集中して米国のUL規格に関する品質不正が4社で発生した．品質不正の中でも重要な安全規格に関する不正であることから，どのような経緯経過をたどって品質不正に至ったのかの実態を確認する．

視点3：2015年から2022年の約7年の期間を俯瞰して，前2

視点と品質不正の発生要因の違いがあるかを調べる.

対象にした組織は,付録資料の＊印の18社（視点1,2も含む.）を選んでいる.

なお,調査の情報源は,視点1,視点2は各社が第三者に依頼した第三者委員会調査報告書（以下,第三者報告書という.）,各社が行った調査報告書,有価証券報告書,ホームページ,監督官庁の指導・命令,第三者委員会報告書格付け委員会による格付け結果,及び新聞・雑誌等のメディア情報類である.また,視点3は,第三者報告書である.

(2.2) 視点1：自動車・素材メーカー6社の品質不正の実態

本節では,6組織の品質不正の実態とその特徴を洗い出してみる.

2.2.1 自動車メーカー2社の品質不正の実態

(1) 自動車の完成検査に関する法的背景

自動車の型式指定は,自動車メーカーが生産する車両について,車種（車両型式）ごとに国土交通大臣に対して申請を行い,所要の手続きを経て指定を受ける制度である.指定を受けた自動車は,陸運局に車両を持ち込んで車検を受ける必要がない.ただし,前提条件として,陸運局が行う検査に代えて完成した車両に対して自動車メーカー自らが完成検査を行うことが義務付けられている.完成検査では,指定を受けた型式としての構造・装置・性能を有しているか,保安基準に適合しているか等を検査し,国がメーカーを信頼す

る形で成り立っており，検査概要は次のとおりである．

① テスター検査（全数検査）：ブレーキ，ホイールアライメント，ヘッドライト，シャーシー周り等

② 最終検査（全数検査）：車台番号，原動機型式及びモデルナンバープレートの整合確認等

③ 燃費・排出ガス検査（抜取検査）：燃費，排出ガス濃度等

　国土交通省（以下，国交省という．）の通達では，完成検査はメーカーが自主的に決めた知識や経験を持ち，認定・登録された検査員が行うことを義務付けている．無資格者が完成検査をすることは，メーカーでの完成検査による"完成検査終了証"の発行が"ゼロ回目車検"の意味合いを持っていることから，車検制度のありようの否定につながってしまうことになる．

（2）　A社の品質不正

　無資格検査員による完成検査，テスター検査関連，燃費・排出ガス関連の3種類の品質不正が発生した．このうち，無資格検査員による完成検査は，再発防止策を実施したと社長が会見した後まで不正が継続して，経営層と現場第一線との遊離が際立った．

（a）　無資格検査員による完成検査

　国交省が，抜打ちで立入り検査した結果，無資格検査員が完成検査をしていることが判明した．国内車両組立ての6工場全てで同様の検査体制だったことが判明した．国交省は直ちに関連事故の有無，関連法令の準拠状況，再発防止策等を報告するよう指示した．会見した社長は，製品づくりの世界ではあってはならないこととし

た上で，安全性には問題がないとしながらも，24 車種約 121 万台
をリコールするとした．

（b）　再発防止策実施後の再発

　A 社は，無資格検査員による完成検査に関し，再発防止策を講じ
たと発表した以降も継続して行っていたことを発表した．驚くこと
に，この再発は 1 工場にとどまらずに 5 工場でも同様であった．
この事態に，全 6 工場で生産していた国内市場向けの全車両の完
成検査，車両出荷，車両登録を停止して見直しするに至った．

　第三者報告書によると，無資格検査員検査が常習化した要因は，
正規検査員の人員不足のほか，正規検査員の多くが違反を認識し，
現場の係長は知っていたが，それ以外の本社部門はもとより工場の
中間管理職層さえも把握していなかったという．その上，工場では
長年にわたり，国交省の定期監査を受ける日に限り，無資格検査員
を完成検査から外して不正の発覚を免れていたという．

　一連の問題の要因は，各工場では正規検査員がぎりぎりの人繰り
を余儀なくされているためと指摘している．加えて，品質保証部長
及び品質保証課長が完成検査業務に注意を払っていれば，無資格検
査員による完成検査が行われている事実を認識し得たはずとも指摘
している．その上で，これは，完成検査現場の運営を係長以下に任
せきりにし，その実態を把握することを怠ったもので，非難を免れ
ないとも指摘している．

　これらに対して，社長は会見で，内部通報制度が全く機能しな
かった．その上，中間管理職層と現場第一線との間に厚い壁があ
り，目標だけがひとり歩きした．この問題がこれまで出なかったの

は大きな反省で，管理者側を変えなければ同じ問題が起きかねないと改善の必要性を説明した．

（c）　燃費・排出ガス不正

燃費と排出ガスの不正はB社で最初に見つかり，国交省は自動車メーカー各社に同様の事案がないかどうかの調査を求めた．これに対して，A社は同じ不正があったことを7か月遅れて発表した．

完成検査では，100台に1台の割合で新車を抜き取って燃費や排出ガス濃度を測定するのだが，ここで検査データの改ざん等が見つかった．要因としては，検査にあたって温湿度等の環境条件設定に設備が古くて長時間かかる等の上に，基準を満たさなければ測定試験のやり直しが必要で，その試験は2日間かかることにより，人的余力がなかったことが大きく影響したという．

これが深刻なのは，完成検査において前述の無資格完成検査員問題が発生した上に，B社での事例が明るみになってからA社内でこの問題が顕在化するまで7か月の期間を要し，自浄能力の低さも浮き彫りになったことである．B社の不正がなければ，問題が白日の下にさらされることはなかったのではないかと推察される．

（d）　テスター検査での不正

全数対象の完成検査において，ブレーキ制動力検査で本来使ってはならない駐車ブレーキレバーを使用したり，ステアリング切れ角検査で追加加重によって基準内に収めるようにしたりする等の規定外の品質不正行為が見つかった．

（3）　B 社での品質不正

A 社と全く同じで，無資格検査員による完成検査，テスター検査，燃費・排出ガス関連の 3 種類の品質不正が発生した．

（a）　無資格検査員による完成検査

A 社の完成検査不正に関連して，国交省は国内で製造・販売している 24 の企業に同様の不正がないかの調査を要請した．これに対して，B 社でも不正があることが判明し，25.5 万台のリコールを届け出た．国交省へ提出している B 社の上位規定（完成検査要領）では，登録された完成検査員が完成検査を行うことになっている．しかし実態は，"習熟度の見極め" と呼ばれる技能レベル判定を行い，検査に必要な技術が身についていればよいという技量重視の組織文化・風土と法令軽視の姿勢が不正を招いたと指摘されている．

（b）　燃費・排出ガス品質不正

国交省の調査によって，通達に定めるとおりに燃費の測定試験をしていなかったことが判明した．実施時期については，遅くとも 1990 年代前半から行われていた可能性が高いという．品質不正は，燃費・排出ガスの検査に関して定められている検査時間を超えて計測していたものを有効なデータとし，温度や湿度の値が検査基準を超えていても有効な数値に書き換える等をしていた．これらに逸脱等があった際には検査をやり直す必要があるが，相当な手間がかかることからやり直さずにデータの改ざんに走っていたという．

なお，国交省は A，B 両社の燃費及び排出ガスに係る不正事案を受け，他の自動車メーカーに対して同種事案の有無に関する調査を要請した．その結果，新たに 3 社に排出ガス等の不正があったこ

とを発表した.

(c) テスター検査不正

生産ラインでの全数検査において,例えば,ブレーキ検査でブレーキペダルのみを踏んで検査するところを,規格に合格するために意図的にハンドブレーキレバーも同時に引いていた.これらがいつから行われてきたかは特定できなかったという.品質不正が起きた要因として,過大な業務が検査員に課せられていたほか,不正行為を抑止する内部統制の脆弱さ,経営層による認識や改善に向けた関与が十分でなかった点等があげられている.

(d) テスター検査での品質不正の継続

一連の再発防止報告に伴い,国交省が実施状況確認の立入り検査を実施した.その結果,品質不正の継続期間について,報告書と実態との不合致な供述が複数項目存在することが判明し,中には報告書より9か月も遅くまで続いていた項目があることがわかった.加えて,新たに規定どおり検査作業が行われていない項目も発見された.

問題が根深いのは,前社長がこの一連の品質不正によって引責辞任して経営陣が刷新され,確実な再発防止策の実施が最大の経営課題であったにもかかわらず,再発防止報告書の提出後にも品質不正が続いたことである.結果から見ると,品質不正が国交省の再度の聞き取り調査で発覚し,社内調査及び外部弁護士による第三者調査でも問題を見抜けなかったことになった.

（4）　自動車メーカー 2 社の品質不正に共通的な現象

2 社は，グループ企業や緊密な提携関係ではないものの，両者の品質不正には，次に示すとおり，驚くほどの共通性がある．

① 　無資格検査員による完成検査，燃費・排出ガス関連のデータ改ざん，テスター検査関連のデータ改ざん等の品質不正が長期間にわたって常習的に行われてきている．

② 　限定された特定工場だけで起こっているのではなく，A 社，B 社ともに，全ての車の組立て工場で行われてきている．

③ 　現場において長年行われてきた不正を，経営層はおろか，関係の中間管理職層，そして現場の管理者さえも把握していなかった（現場から遊離したマネジメントの実態）．

④ 　再発防止策を講じたと社長が会見した後も，同一・同種不正が継続していた（再発防止策実施確認の甘さ・精度不足）．

⑤ 　他社に同様な不正が起こった際に，自社で同じ問題がないかを確認するスピードの遅さ，感度の鈍さ，及び範囲を広げての組織的な総見直しの貧弱さ．

国交省は A，B 両社に対して業務改善指導等を行い，報告書で示された再発防止策について再度見直しを行い，その後の再発防止策の実施状況等について四半期ごとに報告を行うことを指示した．加えて，2 社の完成検査関連の品質不正に対して"道路運送車両法"違反であることから，過料が適用されるよう裁判所に通知し，後日に過料が課せられた．

2.2.2　素材メーカー4社の品質不正の実態

（1）　C社関連

（a）　データの改ざん・捏造

C社は，19拠点の43事案に関して，本社のみならずグループ子会社まで含めて広くデータの改ざん・捏造を行ってきたことを明らかにした．そして，その実行又は実行指示の多くに品質部門が関わり，中間管理職層や経営層まで関与していた．

（b）　不信感を招いた対象製品と期間

最初，品質不正品の納入先を200社と発表した．しかし，数日後には500社に増え，加えて当初鉄アルミ・銅製品のみとしていたが，鉄製品も含まれると修正した．十分な確認をしないままに鉄製品は対象外と発表したことが不信感を一層助長した．対象範囲拡大ごとに記者会見をしたことは，4.2.3項で述べるクライシスマネジメントが機能していないことを示す結果となったように思われる．なお，品質不正は約10年前から行われていたと発表したが，その後の聞き取り調査で40年ほど前から行われていたという事実も明らかになった．

（c）　企業理念とリスク認識の不一致

C社の行動指針には，高い倫理観とプロ意識の徹底を掲げている．この高潔な指針を定めながら，実態としては，例えばグループ9社のうち4社が取締役会で不正を把握していながら公表や対策をしていなかった．なお，納入先には航空機産業，高速鉄道等人命に直結する製品群があり，ここにもデータ改ざんされた形で製品が供給されていた．

(d)　再発防止策

不正を引き起こした要因として次の 3 項があげられている.

① 　収益偏重の経営と不十分な組織体制

② 　バランスを欠いた工場運営と社員の品質コンプライアンス意識の低下

③ 　本件品質不正行為を容易にする不十分な品質管理手続き

ただし, なぜ品質不正が各拠点の品質保証部門に広がったかについては, 長年の慣行がカビのように空間を越えて各工場の文化・風土として深く広く染みわたったことが予想されるものの, 個別不正ごとの深堀りの記述がないために真因の追究が望まれる.

それは, 顧客との取り決めを守るためにプロセス上どのように決めていたか, 取り決めを守れない事態が発生した際の処理方法を 5W1H で決めていたのか, 決めた内容が適切であったか, 決めたとおりに行ったのか, 決めたとおりに行わなかったとしたら誰がどのような指示をしたのか等については, 19 拠点の 43 事案の不正 1 件ごとを取り上げてプロセスと対応付けた確認が望まれるところで, ①～③の再発防止策の有効性に関して限られた情報だけでは評価しにくい.

(2)　D 社関連

(a)　データ改ざん・捏造の実態

D 社は, 二つの子会社による製品データ改ざん問題を発表した.

一つの子会社における不正発覚のトリガは, C 社でのデータ改ざんが明らかになった後に実施した社内調査で不正が見つかったので

ある．行動指針では，法令を遵守し，社会的良識に従って公正で誠実な企業活動を行うとうたいながら，実際には検査不合格品に対してデータ改ざんのやり方を説明するマニュアル（指南書）が存在し，組織ぐるみで行われていた．改ざんマニュアルはわかっているだけでも 1990 年代から引き継がれていた．なお，同社が競合他社と比べて後発だったことからシェア拡大を目指す中で，顧客の要求に無理に応じようとしたこと等が要因だったとしている．

　もう一つの子会社では，2016 年に問題が見つかり，再調査の結果，2017 年 2 月時点でデータ改ざんを指南するマニュアルの存在を確認して当時の子会社社長に報告した．同社長は，改ざんが行われている事実を把握しながらも，顧客からの損害賠償請求につながる等としてデータ改ざんと出荷を続ける経営判断を下していた．その背景には，改善に 3 年かかると伝えられたことから，受注をストップせずデータ改ざんをして納入を続ける判断をしたという．品質不正は 1990 年代から行われ，品質管理責任者も関与しており，組織的な品質不正だったとしている．

（b）　不正の拡大

　品質データ改ざん問題で要因究明の調査を進めている最中の D社グループで，新たに子会社 3 社が品質データ不正問題を起こしていたことが発覚した．加えて，グループ本社でもコンクリート用の銅スラグ骨材で JIS 認証が取り消され，不正の広がりが見られてグループ本社の社長が引責辞任に追い込まれた．

（3）　E 社関連（子会社の検査データ改ざんと対策）

　顧客との間で取り決めた規格から外れた製品の品質データを，規格内の数字に品質保証室長が改ざんしていた．室長の個人的な資質の問題としているが，それを放置してきた管理体制に問題がある点に関しての記述が見当たらなかった．

（4）　F 社関連
（a）　出荷検査における検査データ改ざん

　全 7 事業所の 127 製品中，42 製品で検査データの改ざん・捏造等が行われていた．納入先は 2 300 余社にのぼり，歴代の事業所長が不正を認識していたこと，一連の不正発表後にも検査データの改ざんが続いていたこと等，多くの品質不正があったことを明らかにした．要因としては，納入仕様書を軽視し，検査データを改ざん・捏造する等，顧客との合意の重要性を顧みない誠実さに欠けたものであったとしている．

　これらの背景には，①品質に対する過信・甘え，品質の軽視，②顧客要求やプレッシャーに迎合，更には面従腹背の姿勢などの全社的な組織文化・風土が影響していたとしている．このような全社的な組織文化・風土が，現場における品質に対する意識の欠如となり，品質の番人たる品質部門が首謀的に深く関わってきたところに根深さがあったとしている．

（b）　品質不正認識対応の不完全さ

　2007 年に，食肉，野菜，ファストフード等で，産地，賞味期限等の食品偽装が社会問題になった．これに呼応して同社内で調べた

ところ，未検査ながら検査実施済みとしていた等，顧客との約束不履行33件を確認した．しかし，これらを認知しながら顧客に知らしめることなく，再発防止策を取らずに曖昧にしたことが今回の拡大につながったとしている．

（c）　関連子会社への拡大

グループ本社の社長が会見し，F社本体7事業所のみならず，子会社22社32品目で数値改ざんや誤った手順での検査といった品質不正が見つかったと話した．納入先は2 500余社にのぼり，グループ本社の悪しき慣習が子会社に伝わってしまったと説明した．しかし，約1年前に本社で不正が発覚した際に，グループあげて迅速な調査を行い，再発防止策を実施することが求められるのは当然で，遅きに失した感は否めない．

（5）　素材メーカー4社の品質不正に共通的な現象

（a）　品質不正の広がり

限定された特定部門だけではなく，1社を除いて本社のみならずにグループ子会社まで含めた多拠点，多品目で長期間にわたって多種類の品質不正が行われてきた．

（b）　顧客に承認を求めない特別採用

各社の事例説明には細かく触れていないものの，品質不正を行った各社は，顧客の承諾なしに自社内で特別採用，いわゆる"特採"扱いにしていた．素材メーカーの品質不正の背景には，日本メーカー同士の独特な商習慣の"特採"がある．これは，一旦不合格とされた製品を，顧客の承認を得ることを前提に，制約や条件を付け

て使用可能にするやり方である．制約や条件としては，使用範囲の
限定，選別しての使用又は納入価格の引き下げ等があるが，あくま
でも顧客との合意によってなされるものであるにもかかわらずに自
社内だけで行っており，隠蔽そのものであった．

2.2.3　自動車・素材メーカー6社から見える共通的な現象

　2.2.1項及び2.2.2項で説明した6社の品質不正の概要を表した
のが表2.1である．ここから見える6社の事例に共通する現象は以
下のとおりである．

（1）　品質不正発覚のきっかけと種類

　発覚の端緒は，内部通報をきっかけにした監督官庁の立入り検
査，他社の不正発覚をトリガとした社内調査という社外からの影響
によるものがほとんどである．また，社内での発覚についても，長
年の隠蔽が人事異動によって全くしがらみのない者が責任者に就
いたのをきっかけにトップマネジメント（本書では，経営層の中で
も代表取締役社長やそれに準じる限定された人をいう．）に報告に
至って公表される等，日頃の定常的な組織内の自浄活動が迅速に機
能したものではない．1.3節で説明したとおり，品質不正には4種
類があるが，このうち，違反，隠蔽，改ざんは取り上げた6社全
てで行われ，捏造は3社で行われていた．

（2）　品質不正が行われていた品種・分野の広がりとその期間

　各社で，品質不正が行われてきた品種や分野を見ると，特定の品

表 2.1　6社の品質不正の実態

項目 ＼ 会社		A社	B社	C社	D社	E社	F社
業　種		自動車		素材（鉄鋼，化学など）			
発見のきっかけ		内部告発⇒国交省立入り検査	国交省からの調査依頼	子会社のJIS違反時監査	内部通報子会社への品質監査	ネット書込み	人事異動当該者以外の所長・部長
品質不正の実態	① 違　反	○	○	○	○	○	○
	② 隠　蔽	○	○	○	○	○	
	③ 改ざん	○	○	○	○	○	
	④ 捏　造			○	○	○	
	対策後同一・同種再発	○		○	○		○
	多分野・多品種	○	○	○	○		○
	長期間（10年以上）	○ 40年程度	○ 25年程度	○ 40年以上	○ 20年以上	△ （8年）	○ 40年以上
	本社・事業所・子会社○ 子会社のみ△	○ 全6工場	○ 全2工場	○ 7事＋12子	○ 本社＋5子	△ 1子会社	○ 全事＋22子
	発生時関与者　現場担当	○	○	○	○		○
	検査・品質保証部門	○	○	○	○		○
	マネジャー			○	○	○ 品保室長	○
	経営者			○	○		○
ISO 9001　QMS認証		○		○	○	○	○
経営者責任			社長辞任	社長辞任	社長辞任	子会社社長辞任	関係役員降格・減給

種や特定の分野ということではなく，多品種・多分野で広く行われていたことがわかる．加えて特定の1工場ではなく，全工場やグループ子会社まで，また子会社での品質不正を調べる中で本社にも広がっている事実が判明する等，1社を除いて会社全体やグループ全体で行われていたことが読み取れる．

　品質不正の期間は，40年程度以上が3社，20年程度以上が2社，1社が8年と驚くほどの長期間にわたっている．40年以上と

もなれば，もはや日々の行いが品質不正であることさえも疑わず
に，ごく当たり前のように慣習化して行われてきたことになる．

(3)　品質不正の直接関与者

　特徴的なことは，6社全てで検査・品質保証部門が品質不正に関
与していたことである．本来，品質が保たれていることに確証を与
える重要な役割を担っているはずが，品質不正に加担していたので
ある．

　そこには，中間管理職層以上がその役割を放棄していたと思える
ほど現場第一線に任せきりで何も知らない場合と，中間管理職層が
深く関与した場合との二とおりがあった．その上，経営層までが黙
認又は品質不正を指示していたケースまであった．

(4)　ISO 9001 に基づく品質マネジメントシステム認証

　6社のうち，5社が ISO 9001 に基づく品質マネジメントシステ
ムの認証（以下，QMS 認証という．）を受けていたにもかかわら
ず品質不正を起こし，後追いで認証取消しや一時停止等の処置が取
られて，認証の有効性に疑義を生じさせる結果となった．

　QMS 認証の審査基準は，要求事項であってそのとおりに行えば
よいという具体的なプロセスを提供しているものではない．このた
め，具体的なプロセスは各社で独自に定めて運用することになる．
しかし，今回取り上げた6社の品質不正は，各社で取り決めてい
たルールに従っていない違反，隠蔽，改ざん，捏造であった．

　20 世紀の頃の QMS 認証の受審単位は，工場単位や事業所単位

が多かったが，その後は審査単位の統合拡大が進み，大規模な会社単位やエリア単位になっている．このような変化に伴って，サーベイランス監査の実効性が維持できているかについても疑問が残る状況にあるといえる．

（5）　経営者の責任

　6 社のうち，3 社の本社社長と 1 社の子会社社長が辞任している．また，その対応に当該の会社だけでなく，納入先等多くの人の労力が費やされている．これらのことから，ひとたび品質不正を起こすと社会的な影響が大きく，経営者はその責任の重さを痛感する結果となったといえる．

（6）　企業理念や行動規範との乖離

　一覧表には記していないが，6 社とも企業理念や行動指針には表現の差はあるものの，例えば "法令，社内ルール，社会規範を遵守することはもちろんのこと，高い倫理観とプロとしての誇りを持って，公正で健全な企業活動をする." という文言に代表されるように，各々高い理想を掲げている．しかし，実態としては，6 社とも検査データの改ざんを行い，3 社が捏造し，品質不正を行うためのマニュアルまでを 3 社がつくって長年それに準じていた．加えて中間管理職層や経営層までが関与しており，企業理念や行動規範との乖離が際立つ結果となっている．

（2.3）　視点 2：UL 規格品質不正 4 社の実態

2020 年 10 月から 1 年余りの期間に，米国の UL 規格に関する品質不正が 4 社で発覚した．様々な品質要素の中でも安全性のプライオリティが高いことは言うまでもない．

2.3.1　UL 規格とは

UL 規格は，Underwriters Laboratories Inc.(以下，UL という.) が運用する米国の安全規格である．UL 規格は国家規格ではないものの，米国では安全確保が必要な部品・モジュール・製品群の多くで UL 認証を必要としており，同国に輸出する場合には必須アイテムと言われている．

（1）　UL 認証の手順等

（a）　最初に UL 規格の認証を受ける場合

申請書にサンプルをつけて UL 機関へ申請を行う．認証分野等に必要な条件が提示され，それに準じた試験が行われ，クリアできた際に UL 規格の認証を受けることができる．

（b）　認証取得後のフォローアップサービス

UL 認証を取得した製品については，認証時と同じ性能が維持されていることを確認するために，年 4 回製造工場に抜き打ちでフォローアップサービス（follow-up service：以下，FUS という.) と呼ばれる立入り検査を実施する．これで不合格になった場合は 2 回目の試験となるが，2 回目も不合格の場合は原則的には，認証が

取り消される.

（c）　規格の種類

規格の種類は, 難燃性の UL 94, プリント配線板マーキングの UL 796, 絶縁性の UL 1446 等があり, 申請対象に準じた規格が適用される.

2.3.2　UL 規格品質不正 4 社の実態

2.2 節で取り上げた 6 社との関係では, 4 社のうちの J 社は, E 社のグループの親会社であり, 4 年後にグループ本社でも品質不正が発覚したことになる. それも不正期間が子会社の 8 年に対して, 本社は 35 年にも及んでいた. 他の重複はない. 4 社の製品の多くは, 顧客が手にする最終製品ではなく, 製品に組み込まれる部品やモジュールで難燃性の他, 絶縁性, 耐熱性等である. 以下に, 各社の品質不正の実態を見てみる.

（1）　G 社の不正

G 社は, 第三者報告書を公表していないため, 同社報告書とメディア情報から概観してみる.

（a）　対象製品と不正の種類・内容

品質不正は, 難燃性に関係し, 主としてプラスチック関係の 7 つの製品群であった. 不正の内容は, 差し替えサンプルでの受験, 加えて無認可工場での製造などであった. 差し替えのサンプル提出とは, いわゆる "替え玉受験" であり, 申請時と FUS 時とで本来のプラスチックとは組成の異なる "合格間違いなし" のサンプルを

作製して不正に試験を通過してきていた．

（b）　経　過

　7製品群の中には事業譲渡品もあり，2009年に別企業から事業を譲り受けたものであった．事業譲渡にあたっての資産評価段階で関係部門では品質不正の事実をつかんでいたがそのまま譲り受け，品質不正を知りながら引き継いだのであった．その後，該当事業部内会議で議題に上がり，関係者が不正を知ることになったが改善に至らなかった．ある時期，このままでは問題ありと提起された際に，新規顧客開拓をしないことを決めたが，既存顧客には販売を継続したという．

　自動車・素材産業で立て続けに品質不正（2.1節参照）が発生した折に，再度改善の機運が高まり，代替材料の開発にチャレンジしたが，目的を達成できず開発責任者が上長に報告して経営層にも伝わり，事態が明るみになった．不正発覚後に，対象製品のUL認証が取り消された．

（c）　品質不正継続の要因

　要因として次の項目があげられている．

① 　事業譲渡時におけるチェック体制の不備

② 　監査機能の不備

③ 　コンプライアンス意識の低さ……品質不正が社会問題化しているにもかかわらず，担当事業部責任者が即処置することなく代替品開発を続けたが，それも成し遂げられなかった．

④ 　内部通報制度の機能不全……同制度の理解不十分と信頼が乏しいことがあげられている．

⑤　人事交流の少ない閉ざされた組織構造

(2)　H 社の不正

(a)　対象製品群と不正の種類・内容

　品質不正の対象となったのは，5 製品が難燃性 UL 94，ワニスの 1 製品が絶縁性 UL 1446 などであった．認証登録時と FUS 時との不正内容は G 社と同様で，認証時と FUS 時のサンプル差替え（替え玉）であった．なお，製品群によっては FUS 対応用のマニュアルが存在し，マニュアルに記載された組成表に従って，FUS 対応用のサンプルを作成することがルーティン化されており，"スペシャル対応" といった呼称が使用されていた．

(b)　経　過

　H 社も，G 社同様に他社からの事業譲渡であった．ただし，G 社と異なる点は，社員も含めての H 社への完全子会社化の買収であったために，主要な製品群では買収の 16 年前から既に行われてきていた品質不正がそのまま引き継がれ，H 社にはその事実を報告せず，H 社グループに入った後も 14 年間続いた．その後，H 社はその子会社を吸収合併して本社に組み入れる経過をたどるが，当該事業部において，担当部門等の中間管理職層や担当層は，不正を認識しながら対応マニュアルを作成・利用し，FUS では差し替えて提出する等，本社に吸収合併した後も 4 年半続けてきた．

　不正発覚のきっかけは，若手社員と工場長との定期的な対話懇談会で，不正を続けることを忍びないと感じた若手社員の告白によって経営層が知ることになった．

（c）　品質不正継続の要因

要因として次の項目があげられている.

① 　品質保証に関する倫理観, コンプライアンス意識の欠如

② 　自社製品の工程能力を十分考慮しない認証の取得・維持

③ 　顧客に対する迎合的な姿勢……本来, 顧客との取引開始時の入口で整理すべき問題を曖昧にした結果, その後の組織内での諸活動で品質不正を続けるしかないという状況に陥った.

④ 　UL 認証制度に対する正しい知識・認識の不足

⑤ 　長年継続された問題の広がりによる抜本的解決の困難さ……中間管理職以上による品質不正の黙認という不作為により, 時間経過とともに不正の登録品番が増加し, 抜本的な是正のハードルが高くなり, 手がつけられなくなって放置につながった.

⑥ 　組織文化・風土の問題……長年にわたって, 抜本的な問題解決から目を背ける無責任な事なかれ主義, 部下への丸投げ, 逆に上司や先輩の指示・指導を忖度, 罪の意識なく不正に関与するという思考停止, 業務の属人化などが, 不正継続の底流を成してきた.

（3）　I 社の不正

（a）　対象製品群と不正の種類・内容

　I 社は, 2016 年以降, 毎年のように品質不正が発覚してきていた. ここで取り上げる UL 不正の電磁開閉器（T シリーズ）製品は, 2013 年から 2021 年まで販売されていた. UL 規格の改正に伴い, 従来使用していた樹脂材料では UL が指定する難燃性の基準を

満たさなくなることが判明した．そこで担当の開発部門は，いずれは技術的な改良を施して UL の認証登録どおりの製造を行うが，さしあたりは従前使用していた材料を使用して製造することとし，工場長に報告して了承を得た．しかし，開発は難航し，是正されないまま製造・販売が継続された．担当者は，製造委託先に対して改ざん図面を渡して UL 認証との不整合が発覚することを防ぐ依頼をしていた．なお，T シリーズ前身機種の N シリーズ（1994 年販売開始）でも UL 不正があった可能性が高いという．

（b）　経　過

2021 年 4 月に社内調査の過程で発覚し，公表した．この背景には，これ以前に起こった度重なる不正発覚に対して，2016 年，2017 年及び 2018 年と三度にわたりグループ全体を対象とした品質不正あぶり出しのための総点検を実施してきていた．しかし，2019 年，2020 年の品質不正に続いて，今般の UL 品質不正に及び，社長はこの機会を最後に，徹底的に膿を出さなければならないとの強い意思を表明した．

（c）　品質不正継続の要因

① 　規定手続により品質を証明する姿勢欠如と，品質に実質的に問題がなければよいという正当化．

② 　品質部門の脆弱さ……品質部門が製造部門と一体となって品質不正に関与・黙認している例があった．これは，品質部門が製造部門の傘下にあり，製造部門からの独立性が確保されず，その上，品質部門の人材は質・量の点で十分ではなく，製造部門に対する牽制を働かせるだけの力を持てていなかった．

③　中間管理職層（主に課長クラス等）の脆弱さ……中間管理職層は，経営層と現場，本社部門と現場などの間に重層的に位置し，その立場に準じて組織が大切にしている価値観を現場に徹底し，逆に現場で起きた問題や課題を抽出して経営層に届ける役割を担うが，これらが欠けていた．

④　本社部門と現場との距離・断絶……2016年度から2018年度にかけて実施された点検でこの品質不正が発覚しなかった理由は，工場長が問題を報告しないとの決定をしたためであるが，これらの背景には本社部門と現場との断絶ともいえる距離感が起因した．

⑤　事業本部制，製作所・工場の壁……工場内での人的交流密度が高く，自らが帰属する組織を守るのは人の本能で，強い帰属意識を持つがゆえにかばい合う．日々の業務遂行に本社部門は登場せず，問題解決も現場だけで行われて，現場にとって本社部門の存在感は極めて薄かった．

（4）　J社の実態

（a）　対象製品群と不正の種類・内容

プラスチック関係6製品群の難燃性UL94に関する品質不正で，UL認証時とFUS時とで行われてきた．特にFUS時には，ノウハウ集等にあらかじめ記録されているFUS用の処方に基づいて，ULに指定された品番のペレットに難燃剤や難燃補助剤を添加して成形したサンプルの提出等をしていた．

（b）　経過（ABS樹脂の場合）

① 不正開始時期……1986 年には，一部品種で UL 申請時処方と生産処方との乖離度合が大きく，FUS 時に不正があったことが認められていた．また 1992 年には開発責任者から事業部長に乖離があることが文書で報告されていた．

② 品質不正実施の背景……生産予定処方では UL 規格の燃焼試験に合格できず，生産予定処方に難燃剤を足すとコストの上昇や物性の低下という問題が生じることから，UL 申請処方と生産予定処方を分けて検討したという．また，競合他社においても同様の行為が行われていると推測し，世間の大勢に従おうという意識があったという．

③ 不正が長年行われてきた理由……FUS で 2 回不合格となると生産停止になり，大変なことになるので，絶対に不合格とならないように合格間違いなしの処方でサンプルを作ってきたという．

④ 関係者対応……1997 年の会議で，UL 申請処方と量産処方の差異に対して，申請時処方費用面等で競合力低下が報告されていた．また，2010 年の事業部門長以下の関係会議で，一部の品番について廃番が決定された旨が報告されている．2015 年以降では乖離の大きい品を開発することとし，2017 年には一部の開発が完了して置き換えられ，乖離が大きい一部の ABS 樹脂は廃番とされた．ただし，依然として廃番とされずに製造・販売されているものもあり，2021 年に新品質保証本部実施の調査で明るみになった．

⑤ 責任者関与状況……直接の開発責任者は，もちろん乖離の

事実を認識していた．また，開発部門の直接上長や工場長も1992年以降，乖離状況の報告書及び会議参加で知る立場にあった．報告書では，事業本部長も2010年には報告を受けていたと認められるとしている．

（c）　品質不正継続の要因

① 　技術関連部署におけるコンプライアンス意識の不足

・競合他社も同様の不正を行っているという認識の自己正当化

・受注を獲得・維持するために必要という認識

② 　UL認証制度に関する知識・教育体制の不足

③ 　技術関連部署内でのみ人事異動が行われていたこと等の技術関連部署の閉鎖的な組織文化・風土

④ 　組織的に技術部門のみでUL対応が完結していたこと

⑤ 　品質保証部門の組織的独立性の不備

⑥ 　品質保証業務に対する監視・監督体制の不足等

2.3.3　UL規格品質不正4社から見える共通的な現象

4社の不正の実態をまとめると表2.2のようになる．この表を横断的に見ると，次のような共通的な現象があることがわかる．

（1）　品質不正の種類

品質不正の種類から見ると，4社ともに共通しているのは，UL規格認証時及びFUS時に，実際とは異なる特別サンプルを提出していた．これらは共にサンプルの差し替えであり，一般的には替え玉とも言われる捏造であり，最もやってはならない行為である．

表 2.2　4 社の UL 規格不正一覧

項目＼会社			G 社	H 社	I 社	J 社
発見のきっかけ			代替品開発責任者から開発不能を上長に報告	若手社員と工場長との対話懇談会	社内調査［度重なる品質不正点検(2016,17,18) では発見できず］	グループ内アンケート調査（子会社 2017 年品質不正発生点検時発見できず）
UL 不正の分野			？	UL 94(難燃性) UL 1446 (絶縁性)　等	UL 94(難燃性)	UL 94(難燃性)
品質不正の実態	① 違　反		○	○	○	○
	② 隠　蔽		・非登録組成品販売 ・性能未達品販売 ・無許可工場製造	・非登録組成品販売 ・性能未達品販売	・非登録組成品販売 ・性能未達品販売 ・無許可工場製造	・非登録組成品販売 ・性能未達品販売
	③ 改ざん		－	－	－	－
	④ 捏造	認証時	偽サンプル提出	偽サンプル提出	偽サンプル提出	偽サンプル提出
		FUS 時	偽サンプル提出	偽サンプル提出	偽サンプル提出	偽サンプル提出
	多品種		プラスチック 7 製品群	ケミカル等 6 製品群	電磁開閉器	ナイロン等 6 製品群
	長期間(10 年以上)		12 年	18 年（譲渡前合算 34 年）	27 年	35 年
	発生時関与者	事業譲渡評価者	○（発見していた）	×（発見できず）	－	－
		開発責任者	○	○	○	○
		工場品質保証課	？	非関与	○	○
		工場長	？	？	○	○
		事業部長	？	○	－	○
		経営者	？	○（子会社）	－	－
ISO 9001　QMS 認証			認証取り消し,一時停止	認証取り消し	認証一時停止	認証一時停止
経営者責任			減給	？	社長辞任,役員減給	役員減給

（2）　品質不正の期間，品種

　品質不正の期間は 30 年以上と 20 年以上が各 1 社，10 年以上が 2 社であり，いずれも長年不正を行い続けていた．その上，1 品種ではなく多品種で行っていたことも共通している．また，H 社のように，事業譲渡前を加えると 34 年に及び，昔から不正が続いてきたという表現が当てはまることになる．

　このように長期間続いた背景には，UL 規格は法令ではない，他社も同レベルで UL 規格を満たしていないのに認証を受けているのは，替え玉をやっている可能性があるからだ等と，自己を正当化する間違った判断がされていたことが推察できる．

（3）　関与者

　開発部門の担当者，中間管理職層は皆当事者であり，不正を認識していた．工場長や事業部長クラスまで情報を知り得ていたのは 3 社で，経営層が不正に直接の関与をしている記述はなかった．これらから，日常のオペレーションの問題や課題が，経営層の経営課題に取り上げられていない実態があったと推察できる．

（4）　QMS 認証

　4 社とも ISO 9001 に基づく QMS 認証を受けていたが，品質不正を起こす結果となり，事後に認証の取り消しや一時停止となった．これらから，企業内の内部監査や審査機関のサーベイランス監査が品質不正をあぶり出す上で有効に機能していなかったことが推察できる．

（5）　経営者の責任

　UL 規格品質不正だけの場合は経営者対象の減給処分が多く，UL 規格の不正を含めて複数の品質不正が重なった場合は，社長の辞任につながっている．

2.4　視点 3：18 社の品質不正概観による追加検証

　2.2 節は 2017 年 9 月から 11 月に集中して発生した期間の切り口であり，2.3 節は UL 規格不正という現象の切り口である．本節は，2015 年から 2022 年の約 7 年の期間を俯瞰して，前 2 節と品質不正の発生要因の違いがあるかを調べてみたものである．対象にした組織は，巻末の付録資料の＊印の中からランダムに 18 社（2.2 節，2.3 節と同一会社も含む．）を選び調べたものである．

2.4.1　第三者報告書から見える共通的な現象

　第三者報告書に，品質不正を発生させた要因としてあげられている項目を，件数の多い順に調べると次のようになる．

（1）　コンプライアンス意識がない，低い

　18 社中 13 社（72%）が本項目を要因としてあげている．各社は，次のような記述で "コンプライアンス意識がない，低い" ことを説明している．

　　ー経営者はコンプライアンス遵守に向けた強い姿勢を明確に示し，従業員がその業務の意義や目的を正確に把握し，仕事に気

概を持って取り組むことを指導していなかった.

－強い同調圧力のゆえに, “おかしなことをおかしいと指摘する”“できないことをできないと言う”ことが困難であった.

－上司や先輩の指示・指導を忖度, 鵜呑みにし, 罪の意識なく不正に関与するという思考停止, 他者依存があった.

（2）　品質部門が機能不全を起こしている

18社中13社（72%）が品質部門の牽制・監視機能が働いていないことを要因にあげている. 各社は, 次のような記述で品質部門の機能不全や弱点を説明している.

－組織設計の際に品質部門を重要視しなかった.

－経営層の品質管理への関心が低く, 人事も重要視しなかった.

－納期やコスト優先, 効率優先の対応の結果, 製品やサービスの品質の優先度が低くなっていた.

－品質保証部門の独立性が低かった.

－検査部門は付加価値を生み出す部門ではないと考えられ, その位置付けは他部門より低いと認識されていた.

－設定されている検査員教育も受けていなくて, 検査員の基礎能力が不足していた.

（3）　人が固定化されている

18社中11社（61%）が“人の固定化”を品質不正の要因としてみている. 各社は, 次のような記述で“人の固定化”を品質不正の要因として説明している.

−縦割り組織になっており個々の組織は孤立し，属人化し，人事の固定化が不適切行為を長期にわたり発覚しない主要な要因となっていた．

−人事ローテーションがなく，人間関係が固定化していた．

（4）　収益偏重の経営がされている

18社中10社（56%）が"収益偏重の経営"を品質不正の要因の一つとしてあげている．各社は，次のような記述で"収益偏重の経営"を説明している．

−収益偏重の経営が行われる中で検査員が減らされ，慢性的に不足していた，また設備が更新されず劣化した．

−赤字が続き，工場への人的投資，設備投資は抑制され，製造設備の老朽化，陳腐化が進んでいった．

−業務量の増加に応じた検査員の育成・増員計画がなされないまま，納期が優先された．

（5）　監査が機能していない

18社中7社（39%）が"監査が機能していない"を品質不正要因とし，次のような記述で監査が機能していなかったことを説明している．

−内部監査室による業務監査は品質不正に対応していなかった．

−具体的なリスクを念頭に置いた実効的な監査（ISO内部監査，監査部の業務監査等）が行われていなかった．

（6）　工程能力がないのに生産している

18社中6社（33%）が“工程能力がない”ことが品質不正の要因の一つであるとしている．ここで，“工程能力がない”には次の二つの意味がある．

①　受注したときに，顧客から示された仕様を満足させる能力を自分たち組織が持っているのかについて調査，分析，評価をしていない．

②　工程能力が時間の経過とともに限界線を超えるようになってしまった．

各社は，次のような記述で“工程能力がないのに生産している”ことを説明している．

－工程能力を超える仕様で受注・量産化していた．

－顧客との間で仕様について自社の工程能力を踏まえた交渉を行うことができていなかった．

－工程能力把握を軽視し，自らの工程能力が低いことを把握していなかった．

－製造方法の改善により工程能力の改善を図ることや，仕様見直しについて顧客と協議することを怠ってきた．

（7）　日常管理がされていない

18社中6社（33%）は“日常管理がされていない”ことを品質不正発生の要因としている．

－上長による監督・管理が不徹底で日常的な業務観察がおろそかになっていた．

－品質改善を検討・実施するといった PDCA サイクルが回って
　いなかった.

(8)　教育がされていない

18 社中 6 社（33%）が"教育がされていない"ことを品質不正
の要因とし，次のように説明している.
－品質関連教育，検査員の教育がなされていなかった.
－顧客との合意に基づく検査の意義や位置付け等に対して正しく
　理解できていなかった.
－苦情は一切発生していなかったので，規格を多少外れても問題
　ないという甘い認識があった.

2.4.2　第三者報告書で説明されている再発防止策

18 社の第三者報告書には再発防止策の記述がある.それら記述
は多岐にわたっているが，3 社以上に書かれている再発防止策は次
の 10 項目である.
－コンプライアンス意識の改革……組織をあげて法的要求事項，
　社会的要求事項への適合についての意識を高める.
－リスク管理の見直し……組織にどのようなリスクが存在するの
　かを再度洗い直し対策を取る.
－品質保証体制の見直し……品質保証部を新設，既に存在する品
　質保証部の独立性を高める，脆弱さを補強する，人材を強化す
　る等.
－品質管理教育の実施……顧客要求の品質を保証することについ

て社内教育を実施する等.

－各種監査の充実……内部監査，内部統制監査，本社監査等の実
　効性を上げる等.

－人事ローテーションの活発化……固定化した人事が不正の温床
　となったことを踏まえ，人事交流を増やす等.

－内部通報制度の活用……必ずしも有効に活用されていない内部
　通報制度を効果的に運用する等.

－組織文化・風土改革……部門間連携の強化，コミュニケーショ
　ンの活性化，現場を大切にする意識等を焦点に良い組織文化・
　風土をつくる等.

－経営体制の改革……取締役会の機能強化，外部取締役の活用，
　人事の刷新等.

－ガバナンス体制の構築……組織の理念，ミッション，方針等の
　徹底を取締役会主導で全社に展開する等.

　これらから，企業の社会的責任を果たすために，経営の基本とし
て綿密に行われるべき品質保証の体系的活動が，プロセスやシステ
ム整備の不十分さとその実践の貧弱さによって，多くの品質不正起
こしてきてしまったことが伺える.

　以上18社の概観から，品質不正の発生要因と再発防止策は，各
社間で多くの項目で共通していることがわかる．また，2.2節及び
2.3節の発生要因を内包していることもわかる.

　次章では，これらの実態をもとに，品質不正がなぜ起きてしまう
かにつなげていくことにする.

第3章　品質不正はなぜ起きてしまうのか

　本章では，前章で説明した品質不正の実態をもとに，品質不正が
なぜ起きてしまうのか，その発生メカニズム等に迫ってみることに
する．

(3.1) 品質不正の長期常態化はどのようなメカズムで起きるのか

　2.2 節の 6 社と 2.3 節の 4 社の計 10 社の品質不正のうち，単独
（一人）で起こしたのが E 社の中間管理職層による 1 件のみで，9
社は組織の中で複数人によって集団的にかつ長期間にわたって品質
不正が行われてきているところに共通的な特徴がある．

　また，2.4 節の 18 社の調査も加えた全体からは，表面上は時代
要求に即したコンプライアンスをうたいながらも，実態は収益偏重
で工程能力を配慮しない受注優先で，品質よりもコスト・納期を優
先し，人員は極限まで減らされて固定化し，まともな教育も受けて
いない，リスク管理も手薄な上に，日常管理もまともに機能してい
ないなど，おおよそコンプライアンスとはほど遠いマネジメントの
実態が浮かび上がった．

3.1.1　人の不適切な行動はどのようなメカニズムで生まれるのか

（1）　局所要因と組織要因

　品質不正の発端になっているのは，人の不適切な行動である．人が不適切な判断や行動をする構造を考える場合，局所要因と組織要因を分けて考えるのが役立つ．JSQCではこれらを次のように定義[6]している．

　　　『a）局所要因：人の不適切な行動に直接影響を与える条件.

　　　　　　注記　本人の注意力・意識・知識・スキル，業務を行う
　　　　　　　　　手順，設備・機器，帳票，環境，周りの人の行動
　　　　　　　　　等が含まれる.

　　　　b）組織要因：局所要因を適切な状態に保つためのマネジメ
　　　　　　　　　ントの状態.』

（2）　人の不適切な行動のタイプ

　人の不適切な行動と局所要因・組織要因との関係を考える場合，人の不適切な行動のタイプを区別して考える必要がある．表3.1は，4つの異なるタイプと，それぞれに関係する主要な局所要因及び組織要因を一覧表にまとめたものである．

　品質不正に関係するのは，表3.1でのA～Cのタイプが多い．タイプAの典型例は，工程能力を無視した受注ありきが該当する．また，タイプBは検査に必要な法令，規格，顧客との約束等の教育・訓練，確認等が不十分なばかりか，検査の基礎教育も実施され

---

6)　前出（p.20）と同じ.

ていない場合等である．タイプCは，検査をすることさえも軽視
して後追い検査や，検査なしで出荷してしまう場合等である．な
お，これらのタイプの行動は，第2章で見てきたように各々数多
く見受けられた．

しかし，いずれも担当者レベルだけでできることではなく，経営
姿勢や組織文化・風土等が強く影響した経営層や中間管理職層の
リーダーシップが，個人としての姿勢・態度（局所要因）と，組織
に長年にわたって染みついたマネジメントスタイル（組織要因）の

表3.1　人の不適切な行動のタイプと関連する局所要因・組織要因

人の不適切な行動	局所要因	組織要因
A：人間の能力範囲を無視した行動	要求される行動＞人間の能力範囲	・製品・サービス，機器・設備，工程などを設計・計画する人に "業務を設計する" という考え方がない． ・設計や計画を行う人が人間の能力範囲について十分な知識を持っていない． ・現場の実態能力を把握せずに机上で無理な計画を押し付ける．
B：知識・スキル不足の行動	業務に必要な知識・スキル＞業務に関わる人の知識・スキル	・業務に必要な知識・スキルが曖昧． ・一人ひとりが持っている知識・スキルが不明確． ・必要な教育・訓練を行わない，不足している． ・知識・スキルを考慮した割当てをしてない．
C：意図的な不遵守	ルールを守る手間・悪影響＞ルールを守る効用（事実＋人の意識）	・業務の目的や効果，複雑さや実施の容易さを考慮してない． ・権限を委譲する場合，問題が発生した場合のことを考えてない． ・意識のかたよりを防ぐ取組みをしてない．
D：意図しないエラー	注意力の低下×エラーしやすいプロセス	・エラー防止のために業務を行うプロセスを工夫・改善することが必要という認識が薄い． ・プロセスに潜む，エラーのリスクに気づけていない． ・プロセスを工夫・改善する方法を全員に教えていない．

［出典：JSQC-Std TR12-001:2023　品質不正防止，p.20 の表2に A,B,C,D 表示を筆者が追加．］

双方が強くからみ合って発揮されたものと推察される.

　特に，長年にわたっての品質不正を引き起こすようなマネジメントが組織要因として組織の隅々までしみわたってしまっていると，これが3.4.1項で後述する組織文化・風土として定着していることになる．その結果，上位管理者がリーダーシップを発揮する際に，何の躊躇もなくそれに準じた判断を下すことになり，品質不正であることさえも麻痺させてしまう構造なのであろう.

　なお，タイプDの行動は，人間はミスをおかしやすい特性であるという前提で事前に可能な限りエラープルーフを行っておくことが必要で，不十分だと品質不正につながってしまう.

3.1.2　10社での事例によるリーダーシップの検証

　経営層や中間管理職層のリーダーシップが，どのように発揮されたのかを，2.2節と2.3節で取り上げた10社で検証してみる.

（1）　自動車メーカー2社の実態

　無資格検査員による完成検査，燃費・排出ガス関連，テスター関連等で各々のトリガとなった最初の行動が実行された際の決定がどのようにされ，誰がリーダーシップを発揮して組織構成員が実施するようになったかは，品質不正の始期が特定できないほどの長期に及んでいるため，明確なエビデンスは残念ながらない.

　しかし，常態化して30年以上不正が続いてきたことは事実である．また，2社とも各工場の品質保証部長が法令で定める検査主任技術者を務めて完成検査員を任命しており，品質保証課長もいて任

命者以外の者が検査してはならないことを確認することができたと考えられる．したがって，各種調査ではこれらの中間管理職層が不正を知らなかったと記述がされているが，監督者層にあたる係長と工長だけでこのようなことを決定できたのかという疑念はぬぐい切れない．

この2社で特徴的なことは，プロセスにある不正行為が埋め込まれる段階で記録化（摺り込み）されることによって，別な種類での不正局面に遭遇した際にも，この記憶によって学習しているので混乱することもなく，次々と前例に倣って伝搬していったことが想像される点である．また，ある工場で始まった品質不正が，経営資源の切迫環境下で最良の解決策とばかりに，グループ全工場へ次々に広がったものと推察される．

（2） 素材メーカー4社の実態

4社の特徴は，鉄鋼や樹脂等でその多くがB to Bであり，最終製品に組み込まれる材料，部品，モジュールが多い点にある．

ここには三つのタイプがある．一つ目は前項の自動車メーカーと同様に，トリガとなった最初の行動が実行された際の最初の決定がどのようになされ，誰がリーダーシップを発揮したかが，品質不正期間が長く調査対象の提示しているエビデンスだけでは不明な点が多いものの，常態化して不正が続いてきたタイプである．ただし，ほとんどの場合に中間管理職層が関与している．

二つ目は，中間管理職層が関与しているが，部下を巻き込んでいない単独タイプである．

　三つ目は，後発である，改善に3年かかる，売上げ・利益が上がらなければ親会社に経営責任を取らされる等の理由によって経営層からの明確な指示があったタイプである．

（3）　UL規格不正4社の実態

　UL規格の品質不正も，始期特定できないほどの長い期間続いており，はっきりしたエビデンスがなく，どのようなリーダーシップで始まったのかは不明な点が残る．ただし，背景には，例えば難燃性に関して，規格を外れても今まで燃えたことはないし，顧客には迷惑はかかっていないといった認識があったことなど，自動車メーカーの場合とも驚くほど似通っている．途中，中間管理職層や場合によっては一部の経営層参加の会議等で是正の動きが部分的に行われ，乖離の大きいものは新規開発による置き換えや，新規受注の取りやめ等の活動もされている．しかし，各社とも依然として品質不正の製品群が残っていた．

　したがって，これらも，中間管理職層以上のリーダーシップによって方向性が決まり，個人としての姿勢・態度（局所要因）と，組織に長年にわたって染みついたマネジメントスタイル（組織要因）の双方が強くからみ合って続いてきたものと推察される．

　以上の10社の実態から，いずれの場合も経営層，中間管理職層のリーダーシップの発揮によって品質不正が始まったと想定される．まだ色濃く残る終身雇用制のもとでは，部下は上司に異論を上げにくい条件がそろっており，その業務からの異動を求めることが精一杯のようにも思われる．中間管理職層がからみ，ましてやトッ

プマネジメントの指示であれば，部下は逃げようがない．

　2.4節の18社の品質不正発生要因のトップに "コンプライアンス意識がない，低い" があるが，局所要因・組織要因の両面でマネジメントする側に大きな問題があり，ここに不正の根源が凝縮されているといえよう．

3.1.3 "常態化した品質不正" 発生のメカニズム

　横領等の個人中心の犯罪等では，1951年にドナルド・クレッシーによって唱えられ，1991年にスティーブ・アルブレヒトによって体系化された "不正のトライアングル" 分析がよく活用される．しかし，複数人によって常態化している場合は，2003年にブラーク・アシュフォースとラフル・アナンド[8]とが提唱した "常態化した不正行為" が適していると考えられるので，本書ではこれに準じることにしたい．

(1)　常態化した品質不正メカニズム

　この考え方の特徴は，組織内で複数人によって不正行為が行われて継続していることを "不正行為が常態化する" と表している点にある．ここでは，曾澤[9]の解説をもとに概要を見てみよう．

　図3.1に示すように，不正行為が常態化するにあたっては，"制

8)　Ashforth, B. E., & Anand, V.(2003): Why Corruptions Become Normalized? Technical Notes on Ashforth and Anand, The normalization of corruption in organizations. In R. M. Kramer & B. M. Staw (Eds.), *Research in organizational behavior*, Vol. 25, pp. 1–52, Greenwich, CT: JAI Press.

9)　曾澤綾子(2019.10.18)：不正行為はなぜ常態化するのか，赤門マネジメント・レビュー　早期公開，0190925a

度化”“合理化”“社会化”の三つの段階を経るに従って常態化の密
度が高まるという．そして，トリガは“リーダーシップによる決
定”によって始まり，組織内に埋め込まれ，ルーティン化すること
で“制度化”されていくという．

　リーダーシップ発揮の背景には，経営姿勢，プロセスの整備不
全，組織文化・風土等が影響し，天秤にかけて品質不正のほうが勝
る効用やメリットにより，選択されることになる．そして，その行
為は“合理化”されることで，関わる人々の考え方や行動に影響し
ていく．本来であれば，誤りに気づくはずの新人や人事異動での新
規加入者も，一部のわずかな例外を除いて不正を行う組織に取り込
まれ“社会化（一般化）”されていくため，常態化した不正を止め
ることは非常に難しくなるという考え方である．以下は，曾澤によ
る解説の筆者なりの理解である．

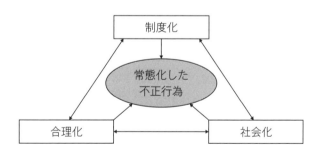

図 3.1　常態化した品質不正の三つの柱

［出典：Ashforth, B. E., & Anand, V. (2003). Why Corruptions Become Normalized?:
Technical Notes on Ashforth and Anand, The normalization of corruption
in organizations. In R. M. Kramer & B. M. Staw (Eds.), *Research in
organizational behavior*: Vol. 25, pp.1-52, Greenwich, CT: JAI Press. の p.3
の Fig.1 より曾澤綾子作成．］

（a）　不正の制度化

　制度化された組織活動とは，複数の組織構成員によって，適切さ，実用性，不正行為の本質等について深く考えることなしに，安定的に繰り返され，継続する活動であるとされる．制度化されていくプロセスには3段階があり，①最初の決定や行動が実行されるフェーズ，②プロセスに不正行為が埋め込まれるフェーズ，③不正行為がルーティン化されるフェーズである．

①　最初の決定や行動が実行されるフェーズ：鍵となるのはリーダーシップであり，これを起点として，最初の決定，行動がなされる．これを第2章で述べた10社の品質不正の事例に当てはめてみると，数十年前からのものが多いためにしっかりとしたエビデンスがそろっていないものもあるが，リーダーシップがないと始まらないと想定できるものが多い．

②　プロセスに不正行為が埋め込まれるフェーズ：不正行為の決定や実行が良い結果を生み出したなら，それが組織に埋め込まれてしまい，個人の倫理観とは関係なく所属している組織文化・風土が浸透している環境下では不正行為に関与してしまう．これを事例に当てはめてみると，経営資源の余力がない，コストが安い，クレームにならない範囲で処理する等の組織文化・風土が，交流のほとんどない縦割りの強い組織構造でも，良い結果として全社へ，更にグループ各社へと壁を超えて広がったと想定される．

③　不正行為がルーティン化されるフェーズ：不正行為を続けるうちに，だんだん不正なことだと考えなくなり，不正行為がご

く当たり前になってくると，立ち止まって考えることなしに続けることが当たり前になる．

（b）　不正の合理化

不正行為をする人たちは自分が行っていることを不正なことだと考えていないことがあるとしている．組織での不正行為が不正ではないと思われやすい理由を合理化と捉え，次の三つの要因を説明している．

① 　合理化されるイデオロギー：人や組織が都合のよい判断をする上で責任否定，損害否定，被害者不在，より上位者への忠誠，利益につながる，等を単独又は相補的に活用するという．
これを各社の品質不正の事例に当てはめると，規格や契約を外れてもクレームにはなっていないので顧客には迷惑がかかっていない，いかに安く作るかに貢献して会社の利益につながっている，等が合理化されたイデオロギーとして確実に組織に組み込まれていったと考えられる．

② 　言葉の言い換え：UL 規格不正の事例の中には，替え玉サンプルを "スペシャル対応" と呼んでいるものがあり，これを聞くとあたかもすばらしいことのように感じてしまう．正に品質不正の意味合いを弱める言葉の言い換えであった．

③ 　明白な事実の拒絶：不正行為はいずれ公になるのだが，これらに関与している人たちは，将来的な処罰よりも当面に得られる利益を重要視する傾向がある．そればかりか自分たちはうまく対処してよいことをしているというように考えるようになる．この典型例が，UL 不正で難燃剤を添加すると材料費が高

くなって利益が出なくなるので，不正行為が会社に利益をもたらしているという言動となっていた．

(c)　不正の社会化

組織に新しく加入する者に対して，その役割を果たしていくのに二つの要素，すなわち"認知"と"行動"があるという．最初は小さな不正の認知があっても行動に移して"取り込み"がされ，行動から認知の拡大影響が"漸進""妥協"と進化させていくという．

確かに，各社の品質不正の事例は，所属している組織・部門・職場等に染みこんでいる考え方，いわゆる組織文化・風土が，倫理的におかしいことへの感覚を麻痺させ，会議で品質不正を黙認させ，そこで影響力の大きなカリスマ性のあるリーダーがいれば尚更のこと品質不正からの脱出を難しくしてきたことを示している．

(2)　事例適用例

表3.2に事例を示す．この事例は，JISに基づく完成検査の実施を顧客と約束していながら，その完成検査を行わずに長年捏造してきたものである．捏造の方法は，最初は手書きで捏造データを記入した検査成績書を発行していたが，それにも相当な手間がかかるので，検査成績書自動捏造ソフトを開発し，それに長年準じてきたのである．ソフト開発は中間管理者層自らが行い，自らがリーダーシップを発揮したもので，ブラーク・アシュフォースとラフル・アナンドによって提唱された"常態化された品質不正"がよく当てはまる．

この事例で最も肝心であり，かつ残念な点は，（表中に※印でも

表3.2　ある組織の"常態化した品質不正"例

フレームワーク		現象
制度化	・フェーズ1：最初の決定や行動の実行 ※カギは，リーダーシップ	・約30年前から最終検査不実施ながら，同検査を全数行ったと捏造した検査報告書を品保部が発行してきた． ・品質不正開始時期とリーダーシップ発揮状況のエビデンスなく詳細不明． ・当初は捏造検査成績書を手書き，又はワープロ作成で大変手間がかかり，その後，中間管理職層が一部製品の捏造自動入力検査成績書発行ソフトを開発して従業員に担当させた．担当者は強い違和感を覚えたが"会社の方針に従うしかない"と指示に渋々従った． ・品質不正認識者は，中間管理職層，事業所長など組織ぐるみ． ・品質不正認識者は，中間管理職層，事業所長など組織ぐるみ． →品質不正スタート時のリーダーシップのエビデンスはない．しかし，その後のエビデンスで中間管理職層が捏造用ソフトを開発して担当者に指示していること，検査成績書の承認者である品保部長は虚偽記述であることを承知していたことから見ても，中間管理職層以上によるリーダーシップによってスタートしたことが想定される．
	・フェーズ2：プロセスに不正行為が埋め込まれる	・捏造検査成績書発行に抵抗ある従業員等の提案から，細部データまで記述する検査成績書ではなく，詳述記述なしの"合格証"方式に一時切り替えたが，顧客や営業部門の強い要望で検査成績書発行が続いた． →捏造の検査成績書発行作業停止提案もうまくいかず，かといって検査成績証の交付ができないという今までの品質不正がオープンになってしまうことを何としても避けるため，事業所をあげてこのやり方が埋め込まれたと想定される．
	・フェーズ3：不正行為がルーティン化される	・その後，順次"自動生成捏造検査成績書作成ソフト"を増やし，必要な全品種に対応できるようにまで拡大した． →本質の改善ではなく，捏造の検査成績書発行の自動化が順次進み，このやり方がルーティン化していった．
合理化	・合理化されるイデオロギー（自己正当化）	・インラインで検査エビデンスがあり，最終検査しなくともJIS基準は満たしていると考えられる．何よりも顧客には迷惑をかけてきていない． →不正ソフト開発者が，その後，品保部長，事業所長，合併前の社長時代も本品質不正を是正しなかった．←（※ただし，プロセス保証の完成度が高いので，完成検査不要の主張を顧客に説得しなかったのが残念）
	・言葉の言い換え	・ハンズフリー（本来は手間をかけて検査成績書を作成すべきところを，捏造検査成績書発行ソフトにより手間をかけることなく作成）
	・明白な事実の拒絶	・完成検査実施拡大ではなく，捏造検査成績書発行ソフトの順次拡大戦術． ・内部監査でも事実を確認しながら，問題事項として取り上げず． →中間管理職層以上による意図的・組織的な品質不正隠蔽の拡大．
社会化	・取り込み	・当初からいやいや担当していた従業員はこの作業を拒否で取り込みに失敗するも，新規作業者は不正ソフトであることさえ知らず取り込みに成功．
	・漸進・妥協	・後継の実務作業者が不信さえ感じない作業の継続拡大．
発覚の経緯		・他事業所から異動の品保部長が問題化提起を試みるも周りは不正関係者ばかり．3年後にしがらみのない新事業所長着任時に報告しやっと発覚．

記しているが）完成検査で改めて検査しなくとも，分割された工程ごとで自工程完結の完成度を高めて，個々の工程ごとにアウトプットを確認（検査）することでプロセス保証されていることを，データで顧客に説得しなかった点にあろう．

(3.2) 第三者報告書等から見える品質不正の発生要因

　品質不正の発生要因を掘り下げようとするとき，前節の10社に加え，別途2015〜2022年の約7年間に発生した品質不正のうち，ランダムに選んだ18社の第三者報告者の全体俯瞰から，経営姿勢面，品質部門の組織設計面，プロセスのマネジメント面及び組織文化・風土面の切り口から要因を探ってみることにする．

3.2.1　経営姿勢面

　まずは，経営層が企業経営にあたり，その基本的な考え方を，ビジョン，経営理念，経営方針，行動指針等でどのように明らかにしているのか，それらを組織全体にどのように浸透させて実施に移しているのかを，品質不正を起こした実態と対比してみてみる．

（1）　経営理念・行動指針の空文化

　法令，契約，社内標準等を遵守することはもちろんのこと，高い倫理観とプロとしての誇りを持って公正で健全な企業活動を行うなどのように，どの組織も法令の遵守や社会規範に準じることを掲げているものの，品質不正を長いこと行ってきている．中には，品質

不正実施のマニュアルさえも存在して常態化し，加えて経営層まで
が関与する組織まであり，掲げている経営理念や行動指針と実態と
の乖離が際立った．

（2）　収益偏重，品質軽視，現場軽視

　経営姿勢の中で，第三者報告書で多くの指摘があったのは "収
益偏重"［2.4.1項で18社中10社（56％）］で，利益を上げるため
に，各社が持っている工程能力を無視した "受注ありき" の姿勢で
ある．ここで自組織の実力に合わない背伸びによって，後に続く多
くのプロセスに無理が生じ，無理が生じると何かで埋め合わせない
と均衡が保てなくなり，品質不正へとつながる温床になる可能性が
あった．中には，経営層が品質不正をしないと会社の存続が危うい
と指示する組織までが複数あり，論外というしかない．

　"品質軽視" に関しては，各社の経営方針や基本的な考え方等の
中にある "品質が第一であり，価格，納期等に優先する" に代表され
るように，品質の重要性を掲げてはいた．しかし，実態は，取締役
会や経営会議等で品質確保に関係する実態や現場の困りごとを取り
上げてこなかった．加えて，経営層が現場に出向いて各部門の実態
を現場・現物・現実で確認し，現場が困っている問題・課題を認識
するような風通しの良い組織づくりを行う行動はなく，現場から遊
離し，疎遠な関係であったことが多くの組織で指摘されている．こ
れらから，現場と一体となった経営が重要にもかかわらず，"現場軽
視" が品質不正を長年続けてきた要因の一つになったと考えられる．

（3） 脆弱な内部統制

　内部統制は，企業活動を行う上で業務を遂行する段階で起こり得る様々なリスク対応を事前に準備し，リスクが起きないように整備すべき体制構築の全般を指している．子会社を含めたグループ全体で内部統制を整備・実行することが"会社法"で規定されているのにもかかわらず，リスクマネジメントとクライシスマネジメントの脆弱さが際立つ結果となった．

（a） コンプライアンスの空文化

　2.4.1 項での 18 社中 13 社（72％）が，品質不正発生要因のトップとして本項目をあげている．コンプライアンスの基本は，事業活動に関わる法令類はもちろんのこと，規格類，顧客との契約や取り決め類，社内標準類に加え，社会規範を守ることである．組織には，これらを確実に守るために必要なプロセスを定め，教育・訓練し，決められたとおりに実施することが求められている．

　上述（1）でも触れたとおり，各社ともコンプライアンスを経営理念や行動指針等でうたっているにもかかわらずに，法令や顧客との契約や取り決め事項を守らなくてもクレームにならなければ問題ないとの判断をしたり，他社も不正をしているだろうと勝手な自己正当化の判断が横行したりしていた様子が伺えた．

　その背景には，経営層が，現場実態を把握しないままに経費削減を求め続けたために，現場第一線が人手不足や設備投資されない旧態依然の設備等によって苦し紛れに行わざるを得なかったケース，更には経営層も不正の黙認や利益優先のために指示したケースまでがあった．これらからは，コンプライアンスが重要と形式的に掲げ

ているだけで，実践するにはほど遠い環境整備面やマネジメント面の不十分な実態があったと推察される．

（b）　リスクマネジメントとクライシスマネジメントの貧弱さ

18社の品質不正発生要因には出ていないものの，再発防止策には本項目があがっている不思議さがある．これは，リスクマネジメントをこれからやらなければとの意思表示とも受け取れよう．

リスクマネジメントは，経営目標を達成する上で，各プロセスで内在するあらゆるリスクをあらかじめ検討・評価し，品質不正やその他のトラブルを防ぐためのプロセスの整備とその実施である．

加えて，事前にいくらリスクマネジメントに万全を期したつもりでも，品質不正や各種トラブルが出ないとも限らない．そのために，万一リスクが市場に流出してしまった場合を想定して，被害を最小化するためのプロセス整備とその実施が必要で，これがクライシスマネジメントである．

これらに対して，実態としては，法令の正しい解釈以前の勝手な解釈や，工程能力が若干外れることもあるかもしれない場合のリスクではなく，最初から工程能力を度外視して受注ありきで突き進んでいた事例まで複数存在した．また，素材メーカーでは，顧客の承認を前提とする“特別採用”，いわゆる“特採”を顧客に説明して，その際に顧客に受け入れられない場合のリスク検討をするのではなく，顧客に知らせることなく自社内だけで秘密裏に処理してしまう等の事例があった．さらに，完成検査に関して，不合格が出た際の対応法ではなく，不合格が出ないことを前提にした工程設計により，再検査の時間的余裕がないことから，不合格ロットを合格扱

いにしたケースさえあった．その他，検査条件が満たされにくい旧式の設備や人的余裕が少ない環境等の諸条件がからまって，苦し紛れに始めた改ざんや捏造の手口が代々受け継がれてきたと記載している組織も複数に及んだ．

加えて，事業継続するにあたってグループ組織全てを対象に想定される品質不正発生のリスクを列挙し，どの会社・部門にどのようなリスクがあるかをあらかじめ明らかにし，日頃トップマネジメントからグループ全体の現場第一線に至る全ての階層で確認するプロセスを定め，それに準じてモニタリングすること等が重要であるにもかかわらず，このようなプロセスが十分整備・実践されていない事例が複数に及んだ．

（c） 品質不正発生時の甘い対応

組織内で以前に発生した顧客との契約の改ざんや捏造が発生した際に，原因追究や責任追及をせず曖昧にしたために，これでよいのだという価値観が，当該組織内はおろか，グループ各社の隅々まで浸透してしまったということが複数の企業で指摘されている．

また，同業他社や社内他部門で品質不正が発生した際の感度が鈍く，当該の組織内で起こっていないかを迅速に見直す活動や改善につながっていない．全社的な品質不正総見直し活動が始まっている場合でも隠蔽が継続している場合があり，監督官庁からの報告督促で改めて調査を始め，半年以上経過後に不正が判明する等があった．これらを見ると，品質不正に対する感度を高め，迅速なスピードが求められているにかかわらず，これらが十分機能していない実態があったように思われる．

(4)　現場の問題・課題の顕在化・共有化の不足

　日常管理されていない指摘が，18社中6社（33%）に及んでいる．その上，各社とも取締役会や経営会議等で，日常管理，方針管理，リスクマネジメント，クライシスマネジメント，改善活動等の切り口から，現場で起こっている問題や課題を定常的に取り上げていたという記述は見当たらなかった．

　特に，経営層，中間管理職層，担当者層間で風通しが悪い場合には，目標達成の強いプレッシャーが担当者層にしわ寄せされることが，各社の第三者報告書からも明らかである．そこには，現場第一線の実態から遊離した経営姿勢と，問題・課題の顕在化・共有化の脆弱な実態が浮かび上がっているように思われる．

　この背景には，経営層やそれに次ぐ中間管理職層が，役割を分担して，自らのマネジメントの結果が所期の目的・目標を達成できているかを，日頃注意深く観察して確認するのが本来の重要な役割であるにもかかわらず，その任を放棄しているかのような組織が多くあったと思われる．また，取締役会や経営会議等で利益やシェアのみならずに，それらを生み出すプロセスの運営状況をも注視し，そこに内在する問題や課題を審議するプロセス整備と，それに準じた運営が欠かせないにもかかわらず，それらが脆弱な実態であったことが推察される．

(5)　事業部門間及びグループ運営における連携不足

　本社と事業部門（事業部，カンパニー・工場等）との間，及びグループ本社と子会社・孫会社との間で，意思疎通が不十分という記

述が多く見られた．また，親会社からは経営方針等の真意の徹底に
問題や課題があり，また子会社や孫会社は恐怖心等から起こってい
る事実を言えず，結果的に品質不正を起こす，又は長い間発見され
ないことにつながったという記述もみられた．

　加えて，品質不正を監査でみつけられなかったとの記述が多く
あったが，品質不正は監査だけでみつけられるものではない．お互
いの役割分担の明確化，各種取り決め等を日常管理対象の標準類へ
の落とし込み，それらの忠実な実行が重要であるにもかかわらず，
十分に実践されていなかったことが推察される．

（6）　内部通報制度の誤った運用

　各社共通して，内部通報制度が有効に機能していなかったと記し
ている．実態は，形は作っていたものの通報者の特定による不利益
を恐れて機能していなかったのである．

　組織においては，仕事の中で起こる各種トラブルや懸念事項を，
何でも言い合えるオープンな運営が望まれる．しかし，諸般の事情
から言い出しにくい状況を補完する機能として，内部通報制度があ
る．その目的は，各種リスクの早期発見・早期対応にある．

　したがって，通報者が品質不正につながる可能性のある情報をよ
くぞ知らせてくれたと称賛されることはあっても，通報者が不利益
を被ることが一切ない運用をする必要がある．多くの不正の背後に
は，この主旨が徹底されることが重要であるにもかかわらず，不信
感を感じる文化・風土が組織を覆い，ほんの一部の勇気ある者しか
活用していない実態があったように思われる．

（7）　グローバル化に対応した経営判断不足

　グローバル化が進展し，途上国でより安く提供する競争相手が増え，コスト競争に巻き込まれ，コストミニマム化が一層激化する中で，人員削減，長年設備投資せず等が重なった組織が多数みられた．また，何も手を打たずにこのような状態が無為に長年続いて，もはや不正品種や数量が増え過ぎて，手のつけようがないところまで追い詰められたという記述まであった．このような状況に対応して，コストの大幅削減製造法の開発，製造コストの安い国や地域への移行，又は衰退期の事業領域からの撤退等の経営判断が重要と思われるにもかかわらず，そのような判断が十分機能していなかったことが推察される．

3.2.2　品質部門の組織設計面

　18社中13社（72%）が品質部門の牽制・監視機能が働いていないことを品質不正発生要因にあげており，組織設計面で大きな問題があることを示している．

（1）　品質部門の本来の役割からの乖離

　本書は，冒頭の1.1節で"品質保証とは何か"を説明するところからスタートした．次に再掲して確認する．
　―顧客・社会のニーズに合った製品・サービスを生み出すプロセスをつくり，
　―つくったプロセスどおりに実施しながら，それが顧客・社会のニーズを満たすものになっているかどうかを継続的に監視・評

価して，もしも外れたら速やかに応急処置や再発防止策を実施
し，

—顧客・社会と約束したニーズを明文化した上で，それらの満た
し具合をエビデンスで顧客に誠意をもって示す．

このことからもわかるように，品質保証は，企画から，開発，設
計，調達，製造，販売，アフターサービス，回収，廃棄に至る全て
の段階で行われる，顧客・社会のニーズを満たすことを目的とした
体系的な活動である．

この意味合いから，各部門・階層に所属している人々は，各々の
役割に応じた品質保証活動を行うことが必要になる．したがって，
品質部門の本来の使命・役割は，顧客・社会のニーズを満たし続け
ることのできる全体最適なプロセスを効果的・効率的（二度手間を
かけないを含む．）につくりあげ，それに沿って活動が行えるよう
に導くことといえる．

しかし，現在の日本の多くの組織では，残念ながらこのような本
来の使命・役割から乖離して，クレーム処理，検査，内部監査，
ISO 事務局運営が本来の役割と誤解しているとも思われる品質部
門の姿が見られる．しかも，各種報告書からは，これらの役割を
持っているというより，その一部の作業を分担しているに過ぎない
品質部門の姿が垣間見えたりもする．

近年，"プロセス保証"や"自工程完結"という用語をよく聞く
ようになってきた．これをわかりやすくいえば，組立製品の製造プ
ロセスを細かく分割していくと，ねじ1本を締め付ける等の作業
にたどり着く．その昔はねじが締まっているかをねじにロックペイ

ントをつけるとか，別な人が改めて検査する時代もあったが，現在ではねじを締めると同時に既定のトルクで締まっているエビデンスが残るようになり，この連鎖が自動組立てを成り立たせている．先進企業では今やインラインで品質／質を保証する精度が高まり，完成検査という別人が改めて二度手間の検査をしなくて済むようなプロセス整備が進んでいる．そのような中で，プロセス保証や自工程完結の推進も品質部門の重要な役割となりつつある．

　上記の流れから見ると，単に現象に手を打つのではなく，個々の問題や課題の本質を掘り下げて，丸ごと起こさせないためのプロセスやシステムの改善こそが品質部門の本来の使命・役割となる．この改善にあたって，品質部門だけで荷が重い場合は，エスカレーションして組織全体，また場合によっては業界団体が結束して規格や法令の改正につなげるような働きかけも必要となろう．

　品質保証は，検査とか，クレーム処理等と限定的な事柄と勘違いされていることがあるが，それは品質保証のごく一部であって，顧客・社会のニーズを満たすための体系的な活動全体を指すものであるのにもかかわらず，品質部門がそのような役割を果たしている記述は各種の報告書類には見当たらなかった．加えて，当たり前品質の確保のみならずに，魅力的品質追究プロセスの整備・推進も忘れてはならない．

（2）　完成検査機能の果たし具合の脆弱さ

　法令を守る，顧客との契約や約束は必ず守ることを徹底することは企業経営の基本であり，それに必要な経営資源（人，設備，金

等）の確保は，経営層，中間管理職層の最も重要な役割であるが，2.4.1 項で触れたように，完成検査を中心とした次のような問題を抱えていた．

（a）　完成検査部門の独立性と経営資源配分不足

多くの組織で，完成検査機能がその本来機能を発揮できない組織構造であった．特に，検査機器や検査人員は慢性的に足りない悪条件下で，製造部門からは所定の完成数を上げることを求められていた．中には，完成検査で摘出された不具合を起票するとロット不合格になるからとか，改善のサイクルを回すには手間がかかるとか等の圧力が加わり，顕在化した不具合のランクダウンや，起票させない等，完成検査が何のために行われているのかを疑われる事象までが起こっていた．

また，営業部門からは顧客との約束納期を迫られ，製造・営業双方の関係部門に忖度し続ける中で，完成検査の本来機能が果たされなかったことが記されていた．さらに，2.4.1 項で触れたように，18 社中 "教育されていない" という指摘が 6 社に及び，自分の役割に関する正しい認識を持てないまま，長年同じ職場で人事異動もなく，先輩から受け継がれた方法で長期間にわたって品質不正に荷担してきたと記している姿があった．

（b）　検査データの管理不全

データ管理面では，検査データをノートに書き写してからパソコンで入力するとか，自動記録される管理システムを持ちながらも後から規格外のデータを書き換えられる環境である等，改ざんの機会が多く存在した．また，データの保存期間を決めていない，書き換

えた履歴も残していない等，事後にデータ追跡検証ができない状態の組織まであった．個々のプロセスのアウトプットが出ると同時にアウトプットの基準と比較・判定し，その結果が記録され，設計から生産，販売，アフターサービスに至る段階でトレーサビリティが取れていて相互に活用でき，記録されたデータが変更できないことが重要であるにもかかわらず，そのような管理からはほど遠い状況の組織が複数存在した．

（c）　品質部門のステータス不全

品質部門が，他の部門に比べて一段下に扱われているという記述が複数見られた．特に，完成検査は付加価値を生まないので，経営資源の配分がまともにされないとの記述が見られた．これらは，経営層の品質部門の組織設計不全がもたらした結果と推察される．本来であれば，品質に関係する些細な事柄から，各種トラブルや品質不正につながりかねない事象等を記録・登録し，組織構成員全員がその内容を共有し，迅速かつ適切な改善活動を行うことが必要であるにもかかわらず，本来機能を果たさないどころか，その機能のほんの一部である完成検査機能も十分果たせていない状況が存在していたと思われる．

3.2.3　プロセスのマネジメント面

（1）　内部統制の脆弱さ

3.2.1 項（3）で詳しく触れたが，内部統制が求めているのはコンプライアンスであり，その中核は，リスクマネジメントによって社会に及ぼす悪影響を阻止することにある．このためには，法令，

規格，顧客との契約や約束事，企業内標準類を守ることであり，守らなかったり守れなかったりするリスクをあらかじめ洗い出して事前に回避方法等を検討し，それを自工程完結のプロセスに落とし込むことが必要である．

しかし，各社ともコンプライアンスの重要性をうたい，これらを守ることが重要であるにもかかわらず，本社内各部門はもとより，グループ組織全てを対象にして，どの会社や部門が何を守らなくてはならないかの具体的な展開に欠け，よってそれらのどこにどのようなリスクがあるかの洗い出しが十分行われていなかった状況が推察される．なお，品質不正を防ぐ上で，内部統制をどのように整備・活用すればよいかについては，4.2 節で詳しく触れる．

(2) 顧客との契約・約束事項の独自判断

B to B において，長年の慣行から，又はシェアが低下している等の理由から，受注優先で進めてきたと報告書に記されていた組織が複数あった．これらの組織では，顧客からの要求やプレッシャーに対して迎合する姿勢を取り，要求仕様を守らなくともクレームにはならない程度のやり方を続けてきたとしている．中には，品質不正発覚後に，約束した条件どおりに実施しなかったことにより，賠償訴訟に発展したケースもみられた．

これらからは，以降の多くのプロセスに影響を及ぼす顧客との契約において，仕様，検査項目・検査水準・検査条件を実際に則した取り決めをすることが重要にもかかわらず，以下のような顧客との契約に関する対応が十分取られてこなかったことが推察される．

―顧客が高いスペックを要求しても，提供側は吟味することなく
受け入れてきた．提供側は，顧客要求の水準をこの程度満たし
ておけばクレームにならないであろう程度を長年の経験の中で
把握し，これを判断の基準にしていた．

―グローバル化が進む中で，契約内容が重視される商慣習が拡大
することによって，約束したことを約束したとおりにやってい
ないこと自体がコンプライアンス問題としてクローズアップさ
れているにもかかわらず，都合のよい独自判断を続けてきた．

（3）　脆弱な日常管理

　2.4.1項で触れたように，18社中6社（33％）が"日常管理され
ていない"ことを指摘している．中には，経営層はおろか現場の中
間管理職層さえも品質不正の実態を知らなかったとの記述さえみら
れ，日常管理が機能していない現場第一線との隔絶があったと考え
られる．

　日常管理の基本は，まず組織機能を明らかにし，職責ごとに役割
を割り当て，その役割を果たすために必要な標準類を整備し，それ
らを担当の構成員に教育・訓練することである．また，職場ごとに
関係する法令，規格，顧客との契約や約束事を明確にし，それらと
組織の標準類の整合を図ることが重要となる．その上で，職位の上
下関係で管理項目・管理水準の摺り合わせを行い，結果的には経営
層から現場第一線までの管理項目・管理水準の展開と集約による体
系的な一元管理が必要である．加えて，組織全員が管理項目以外の
いつもと違う"何か変"を感じた際には，躊躇せず言い合える組織

文化・風土をつくることが欠かせない．

　報告書類からは，このような日常管理の基本が守られていなかったことが推察される．なお，品質不正を防ぐために，日常管理をどのように整備・運用するかについては，4.3 節で詳しく触れる．

（4）　各種監査に頼り過ぎ

　2.4.1 項では 18 社中 7 社（39％）が"監査が機能していない"と記している．中には，内部監査，工場品質部門による監査，本社品質部門による監査，監査役による監査に加え，ISO 認証機関によるサーベイランス監査も行っていたが，それでも見つけられなかったと記し，加えて外部専門員による監査の追加を対策案としている組織まであった．

　しかし，強制感が残る監査はつくろう面があって形骸化に陥りやすく，いくらやってもほころびが出る可能性をぬぐい切れない．本来の機能分担者が，リスクを洗い出し，それらを起こさない工夫をした自工程完結の精度の高いプロセスを整備することこそが重要となる．すなわち，標準化の質を高め，標準どおりに実施し続けることこそが重要であるにもかかわらず，極端に各種監査に片寄ったマネジメントが品質不正の要因の一つになったと推察される．

3.2.4　再発防止策の深堀り面

　事例を見ると，過去に発生した問題と類似の要因で発生していると考えられるものが幾つかあった．また，報告書類に記されている再発防止策を見ると，"行われない，不十分，不徹底"等と指摘さ

れた要因に対する再発防止策として"実施し，充実し，徹底し"と
しているものが少なくなかった．例えば，教育が不十分に対して，
今後教育を十分に行うとしているなどである．

　そもそもどの階層に，いつ，どのような教育をし，その効果をど
のように確認すること等を決めていたのか，決めたとおりに実施し
たのかなどの記述が見当たらない，計画どおりに教育を行っていて
も問題を起こしてしまった場合は，カリキュラムの変更や追加にな
るだろうし，教育をしなかったとしたら，なぜやらないで作業に
就かせたのか等の原因の追究によって対策が全く変わってくる．報
告書類からは，このような深堀りが十分にされていないことが伺え
た．

3.2.5　公正・公明な人事評価面

　各種報告書には，後発のために受注優先で規格や顧客との契約の
逸脱があっても経営層が指示して品質不正が行われてきたケース，
品質不正対策会議で継続販売の中止提案をするも上司からそんなこ
とができるかとすごまれたケースなどの記述がみられた．このよう
な環境下では，人事評価者である上司に異を唱えることは極めて難
しいと想定され，場合によっては提起をトリガに人事異動も起こり
かねないとも思われる．それにもかかわらず，報告書類には，この
面での公正・公明で適切な対処をしたという記述が見当たらなかっ
た．また，コンプライアンスの遵守度が人事評価項目になっている
かどうかも不明であった．

3.2.6　就業規則面

　品質不正に対する経営層の責任の取り方を見ると，自動車・素材メーカーの6社中4社の社長が辞任している．子会社で品質不正を指示又は黙認したケースについては，その内容により不当競争防止法により刑事罰を課せられた者が出て，辞任となっている．また，UL規格の不正では，経営層の減給処分が中心であった．

　それぞれの会社では就業規則が定められており，それに従うことが求められ，従わなければ懲罰の対象となる．しかし，各種報告書類には中間管理職層以下に対する処分の記述はなく内容は不明である．おそらく懲罰は行われなかったのではないかと推察されるが，品質不正に関与すれば，中間管理職層以下も懲罰の対象になることの明確化やその徹底度合は不明である．

③.③　品質不正に関する内側からの本音とその背景

　長年品質不正を続けてきたある企業の社員アンケートでは，顧客から工程能力を超えた品質仕様・納期を全く断ることなく受託し，常に収益追求・コスト削減が求め続けられる中で，人・設備等の経営資源不足などから "顧客に迷惑をかけなければよい" との判断基準が企業文化・風土として形成されてきたことを主要因としている．この判断基準は，2.2節，2.3節で取り上げた10社にも共通しているようにも思われる．

　これらの背景には，図3.2に示すように日本の組織（企業）の利益が上がっていない苦しい実態がある．国際比較では，売上高営業

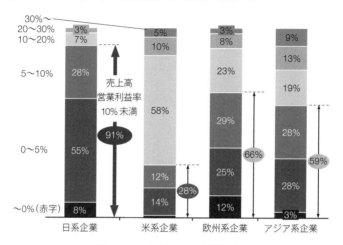

図 3.2　企業利益率の国際比較

［出典：経済産業省（2018）：世界の構造編と日本の対応　資料 2-1，p.55 の一部を抜粋.］

利益率 10% 未満の割合が，米国の 3 倍以上の 91% に及んでいる.
また，同利益率の最頻層は米国が 10 〜 20% の 58% に対して，日
本は 5% 未満が 55% で，赤字を合わせると 63% にも及ぶなど，利
益が出ない構造的な課題があることが推察される.

　要は，日本企業は利益が出にくい構造である上に，事業存続のた
めに，工程能力を度外視して受注ありきで顧客の高い要求を鵜呑み
にし，受注後も常なるコストダウン要求を突きつけられていること
が推察される. そうすると，経営層は現場の実態等を考慮すること
なくオペレーションコストの大幅削減を迫ることになる. 全く絵に
描いたような負のサイクルが回る中で，改ざん・捏造等の品質不正
によって辛うじて事業継続している組織が多いことが推察される.

③.4 品質不正を許している脆弱な組織能力

JSQC は，組織能力を次のように定義[6]している．

『組織又は部門が特定の活動を行うことのできる力．

注記1 広い意味では，組織の構成員に共有されている価値観，行動様式等の組織文化を含む．

注記2 特定の活動には，事業の計画・運営，マーケティング，研究開発，企画，設計・開発，調達，製造，物流，販売，アフターサービス，人事，財務等の機能別の活動，及び品質管理，コスト管理，量・納期管理，環境管理，安全管理，情報管理等の組織横断的なマネジメント活動が含まれる．

注記3 組織能力は，活動を通じて実証される．』

組織能力は，個々の構成メンバーが持つ知識や能力をもとに，それらの総和以上の"集団の能力"を引き出すことのできる能力である．すなわち，組織内の多種多様なプロセスを構成員がよく理解して使いこなし，1＋1を3, 4にするようにできる力ともいえる．ここでは，組織能力の視点から，品質不正が一旦組織に深く浸透してしまうとそこから脱出することが容易ではなく，長年慣習化してしまっていることについて，なぜそうなってしまうのかを深堀りしてみよう．

---

6) 前出（p.20）と同じ．

3.4.1 組織能力の基盤を成す組織文化・風土

(1) 組織文化・風土とは

広辞苑や大辞林を見ても，文化や風土の定義しかなく，組織文化と組織風土の定義は見当たらない．JSQC は，組織文化を次のように定義[6]している．

『組織の構成員に共有されている価値観や行動様式．』

なお，JSQC の定義には組織風土はないので，ここでは "組織が長年の活動で培ってきた雰囲気・人間関係等の暗黙のしきたり．" と考えておこう．両者は互いに強くからみ合っていて明確な切り分けは難しいので，本書では組織文化・風土として一体的に扱う．

(2) 組織能力と組織文化・風土の関係

3.1.2 項では，局所要因・組織要因が人の不適切な行動を引き起こし，これらが品質不正を許してしまっている要因であることを確認した．したがって，品質不正を許さないためには組織能力を高める必要があり，それは組織能力の基盤を成す組織文化・風土を高めることでもある．エドガー・H・シャインは，組織文化を次のような 3 段階のレベルが存在する[10]と説明している．

－レベル 1：人工の産物

－レベル 2：信奉された信条と価値観

－レベル 3：基本的な深いところで保たれている前提認識

この三つのレベルを筆者は次のように解釈している．

10) エドガー・H・シャイン著，梅津裕良・横山哲夫訳(2012)：組織文化とリーダーシップ，白桃書房，pp.27-39

レベル 1 は，最も表層に現れるもので，製品・サービスそのものや，そこで活用されている技術，建物，組織体制等である．目に見える形態や観察が可能な表面的な領域であり，観察はしやすいが，なぜそうしているのかの真意までの解読は困難な領域である．

レベル 1 の基になるのはレベル 2 である．トップマネジメントが，自身の信念や価値観に基づいた考え方に沿って行動する方向を説明し，その解決策が成功すると，組織全体が同じ考えを抱くようになり，共通に認識された信条・価値観として徐々に浸透し始める．これが意識され明文化されると，経営理念や行動規範等となる．ただし，構成員は当初はトップマネジメントの提案に疑問を抱いており，その信条・価値観が組織に浸透するか否かは構成員が置かれている環境による．様々な場面において，それらに従った際に無理なく心地よく，かつ不安を感じずにすむかがテストされていてすぐに受け入れられるものではない．したがって，レベル 3 領域の十分な理解やそれによる心地よさがないと，レベル 2 は変わらないし，また変えられなくて空回転することになる．

レベル 3 は，良い悪いに関係なく，組織の大半が当たり前と無意識に信じ込んでいる価値観や行動である．これによって，議論をせずとも暗黙の了解でわかり合うことができる状態が生まれる．問題に対する解決策が繰り返し成功を収めると，それが当然のこととして認められるようになり，この原則からの逸脱は認められなくなる．このような基本的前提が組織の共通認識になると思考やメンタル面で互いに極めて安心して付き合えるようになる．ただし，これらの共通認識が良い面ばかりではなく，テータを歪曲して解釈し得

る特性を持っていることに注意が必要である．品質不正が長期間行われてきたのは，このレベル3の組織文化・風土が組織能力を支配していたことにほかならない．

　以上のことから，組織文化・風土の核心がレベル3にあることがよくわかる．レベル3の"基本的な深いところで保たれている前提認識"の理解なしには，レベル1の"人工の産物"はもちろんのこと，レベル2の"信奉された信条と価値観"にもどれほどの信頼を寄せてよいか判断できない．したがって，コンプライアンスの重要性を経営理念として掲げ，トップマネジメント等の上位管理者が説明したとしても，レベル3の長い間の染みついた慣習を通して組織に共有されてきた価値観や行動は，レベル1，レベル2と対立することなく併存してしまうことになる．

　各社の経営理念や行動指針に"顧客本位""品質は第一であり，納期・価格等に優先する""誠実"等の立派な文言が掲げられている．しかし，それらについて，トップマネジメントによる具体的な解説や説明がされた上で，部門や個人の業務に具体的にブレークダウンされて展開がされていないと，日々の業務と結びついておらずにレベル2の信奉された信条と価値観が具体化されない．

　レベル2となるためには，経営層は中間管理職層に，経営層や中間管理職層は担当者層に対し，ことあるごとに考え方・行動の仕方を染み込ませるほどになぜそうしなければならないかを説明し，それらの価値観や考え方で行動するように仕向け，かつそれが心地よくなければならない．それには，作業条件を整え，経営資源を確保するなどした上で繰り返し説明し，納得してもらうことで初めて

レベル 3 の領域にまで踏み込むことができる．この具体化こそが，第 4 章で述べるあらゆるリスクを事前検討した上での標準化であり，それに基づいた教育・訓練であり，管理項目の設定であり，異常の検出・処置・再発防止などの日常管理の実施である．

　例えば，完成検査においては，組織設計に不備があり，経営資源（設備，人数など）が慢性的に不足し，教育さえも欠けていた．このような実態からは，レベル 2 が機能していなかったことが明らかである．そこには，検査規格を外れたら，検査のやり直し時間や人的余裕がないので，経験上クレームにならなければよいとの判断が合理化されたイデオロギー環境を整え，それをもとに改ざん・捏造がどこかの段階で始まり，多くの成功体験を続けるうちにレベル 3 の "基本的な深いところで保たれている前提認識" として深く組織に染みついてしまった状況が想定される．

　品質不正の中には先輩から代々引き継がれてきているものが多く，そのやり方の指南マニュアルがあり，ごく当たり前のようにそれに準じていたケースが多数あった．加えて，コストカット要求が強まり，検査そのものを飛ばすケースさえあった．これらを見ると，部門が異なっても皆知合いなので互いに迷惑かけないように，波風立てないようにしようという無意識の価値観によって，顧客・社会が不在となり，内輪の論理を優先し，前例を踏襲してきていたように思われる．

　品質不正をなくすには，レベル 3 の実態に向き合い，"基本的な深いところで保たれている前提認識" にどのようなものがあり，それが生まれた背景や経過を細かく分析し，レベル 1，2 と関連づけ

た中長期にわたる綿密な改善計画が必要なように思われる．

3.4.2 "誠実" な価値観が未形成な組織文化・風土

　品質不正を起こした会社のほとんどが"誠実"を経営理念や行動指針にうたっていた．にもかかわらず，長い間品質不正を続けてきた．エドガー・H・シャインの組織文化の考え方によれば，形式的に掲げているだけで誠実な考え方・行動とはどういうものなのかを日々の活動に具体的に展開（標準化の中に織り込む）していなかったために，日常活動との結びつきが弱く，レベル3の"基本的な深いところで保たれている前提認識"との乖離が生じていたといえる．

　品質不正を起こしたある企業の創業者が示したフィロソフィに"騙してはいけない，嘘をいうな，正直であれ"があった．これらは正に誠実な行動をわかりやすく表している．

　しかし，このフィロソフィに反して数十年もの間，ある部門の組織全体が品質不正をし続けてきていた．そんな折に，職場に配属された若手社員がこのフィロソフィに準じた価値観で行動して発覚の端緒をつくった．これは3.1.3項での"不正行為の社会化"に失敗した事例といえるが，当該の企業のフィロソフィからすれば当然の行動であった．このように，全ての構成員がいかなる状況においても"信念を持って正しいことしか行わない"を旨として行動し，組織全体がいかなる場合でもこの誠実な価値観を礼賛する組織文化・風土が求められているように思われる．

3.4.3 組織能力の発揮につながらない脆弱な組織文化・風土

第2章の事例から，組織能力の発揮につながらない脆弱な組織
文化・風土に当てはまると考えられる事項を以下にあげる.

（1） 法令，規格，契約や標準を重視しない組織文化・風土

法令が求めている事項に対する都合のよい解釈，顧客との契約事
項はクレームにならなければよいという判断等が品質不正につな
がった事例があった.

これらからは，各種要求事項に対しての正しい理解，それらを標
準への落とし込み，そのとおりに実施する，逸脱した場合は顧客に
連絡し，相談・了承に基づいた処置等の行動が欠かせないにもかか
わらず，都合のよい解釈を優先して要求事項との乖離を生じさせて
きた組織文化・風土があったことが推察される.

（2） リスクの検討がされない組織文化・風土

物事を進めてく上で，全て順風満帆で行くことはまずない．予想
されるリスクを可能な限りリストアップし，それを克服する方法の
事前検討をしておくことが必要であるにもかかわらず，検討してい
ない組織が多くみられた．これらからは，品質不正の背後にリスク
の検討がされない組織文化・風土があったと推察される.

（3） 現場とつながった日常管理を重視しない組織文化・風土

法令や顧客との契約・取決め事項の実施状況が組織全体として管
理されておらずに，現場だけに任された形で運営されていたと思わ

れる事例があった．

　これらの要求事項は，管理項目にして絶えず監視し，もしも逸脱が手に負えなくなった場合には，エスカレーションして経営層を巻き込んで組織全体で一体的に解決することが必要であるにもかかわらずに，現場の一部の監督者・担当者層だけに押し付けられていたと思われるものが複数あった．

　加えて，いつもの状態と何か違う"何か変"の感度を上げた異常探知や，変化点も注意深く監視する体系立った日常管理が必要にもかかわらず，組織全体での共有と迅速な処置活動が手薄であったと思われるものもあった．

　これらからは，経営層，中間管理職層が現場とつながった日常管理を重視しない組織文化・風土があったことが推察される．

（4）　他部門，他社，社会動向の変化に無関心な組織文化・風土

　社内他部門やグループ会社又は他社等で起こった品質不正が，自部門でもないかという見直しを迅速に対応している組織が報告書類には見当たらなかった．

　組織全体が，他部門や他社情報を感度よく迅速に取り込んで見直し，改善するシステム・プロセスを整備・実行する全社・全グループ的活動こそが顧客指向・社会指向の組織文化・風土の醸成につながる．しかし，このような活動のリーダーシップが弱く，他部門，他社，社会動向の変化に無関心と思われる組織文化・風土があったことが推察される．

(3.5) 品質不正発生要因のまとめ

品質不正はなぜ起きてしまうのかに関して，3.1〜3.4節で細かく見てきたが，ここで概要を確認してみよう．

まず，3.1節での10社の品質不正の実態を分析してみると，

① 20年以上継続が8社に及び，長期常態化が顕著であった．その品質不正内容は，法令違反，規格違反，顧客との契約違反など重大な違反が多くを占めていた．

② 長期常態化の品質不正の端緒は，経営層や中間管理職層によるリーダーシップがないと始まらないだろう事例が多くを占めていた．

③ その背景には，このようなリーダーシップの発揮を許してしまう組織文化・風土の局所要因（個人）と組織要因（マネジメント）が深く関係していたと想定される．

これに，18社の分析を加えてみると，

④ 経営理念，行動指針の空文化である．どの組織も立派な経営理念や行動指針を掲げながら，実態ではこれらとかけ離れた品質不正が長期間行われてきた．

⑤ この空文化は，エドガー・H・シャインの組織文化論からみればごく当たり前であり，レベル3の"基本的な深いところで保たれている前提認識"の改善なくして品質不正の組織文化・風土を変えられない構造への理解が足りていなかった．

⑥ 現場の実態の把握なしに，収益偏重，品質軽視等によって，現場第一線には無理強いされた目標と現実との埋めがたい矛盾

が多く発生し，この矛盾をつくろう必要が生じていた．

⑦　21世紀に入る頃から，コンプライアンスが社会的な要求として高まる中，これを表面上は声高にうたいながらも実態は依然として変わっていなかった．実際の判断基準は，法令，規格，顧客との契約内容の忠実な実施ではなく，長年の経験から"クレームにならなければよし"の価値観が根強いことが伺われた．

⑧　この価値観を変えるべく，プロセス改善に有効な内部統制の強化が会社法などで求められてきているにもかかわらず，実態の改善が脆弱で，多くの矛盾（リスク）を抱えたままであった．ましてや，細かく洗い出されたリスクの未然防止につながるきめ細かい日常管理がされていないことが伺われた．

⑨　この矛盾に，更にグローバル化に伴った途上国との価格競争等が加わり，利益確保のプレッシャーが強まる中で，一層のコストカットの要求が増したことが想定された．

⑩　このコストカットは，特に付加価値を生まないとの価値観が広まりを見せた検査関連で顕著となり，不合格がない前提の無理な検査プロセス設計や，人・設備等への投資が極端に減らされて機能できなくなる状況に追い込まれるなどにつながった．

　要は，1990年代からのグローバル化の一層の進展に伴って，QMS認証に代表されるように，"プロセスの見える化"と"そのプロセスに準じた忠実な実施のエビデンス化"とが求められるようになった．加えて，21世紀に入るころから，企業の社会的な責任を果たす要求が一層強まってきたにもかかわらず，品質不正を起こ

している企業は，コンプライアンスを表面上はうたいながらも，その基本というべき法令類，規格類，顧客との契約や約束類，及び社内標準類などを確実に守ることよりも，内輪の都合のよい価値観が依然として色濃く残り，この切り替えができていない姿が伺われた.

第4章 品質不正をなくすためにはどうすればよいか

　第3章で多く触れたように，各種品質不正が起きたのは，実務担当者層に責任があったわけではない．教育が足りていなくて正しい理解ができていない者に作業させたり，検査人数が足りない・検査設備が古い等で規定どおりの検査ができなかったり，規格や顧客との契約を守れないときに改ざん・捏造等に走らざるを得なかったりしたのは，経営層，中間管理職層の不適切なリーダーシップによってもたらされたと想定された．その上，グローバル化が進む中で，プロセスの見える化とプロセスごとの確かなエビデンス化が求められているにもかかわらずに，内輪の論理優先の従来の価値観による組織文化・風土が色濃く残っていた結果だとも想定された．

　本書のタイトルにつけた"未然防止"とは，活動・作業の実施に伴って発生が予想される問題に対して，あらかじめ計画段階で対策を講じておく活動のことである．そのためには，今までに発生した組織（社）内外の品質不正情報を広く収集・整理し，類似の問題を予測して対策することが極めて有効となる．

　当該部門で発生した問題の再発防止は当然であり，当該部門以外の問題にも広く取り込むことが未然防止の意味するところでもある．本章では，これらの具体策について触れる．

4.1 製品・サービスをつくり込む構造の抜本的な改善・革新

　顧客・社会に受け入れられ，かつ日本の社会を支え，牽引する組織であるためには，表 1.1 で触れた K. アルブレヒト提唱の "顧客価値 4 段階" 説でいう，顧客・社会がいまだ気がついていない "未知価値" の創造と，品質不正のように絶対にあってはならない "基本価値" の双方向のプロセス整備とその実行を当たり前のように満たすマネジメントの抜本的な改善・改革とその実施が必要となる．

4.1.1　製品の品質・サービスの質をつくり込む構造の理解

　図 4.1 は，顧客・社会に感動を与える製品・サービスの提供及び品質不正を許さない両面の組織活動の全体構造を示している．

　顧客・社会のニーズを先取りする "Q1：製品の品質・サービスの質" は，組織内活動の Q2 〜 Q6 の要因系の体系的な活動によっ

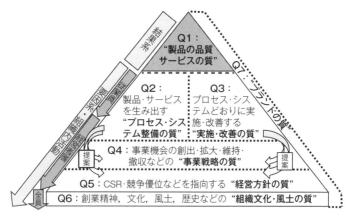

図 4.1　製品の品質・サービスの質をつくり込む各種 Q の構造

て生み出された結果系ということになる。この Q2 〜 Q6 を組織能力と捉えることができ、これら Q2 〜 Q6 の質向上活動が Q1 の基本価値、期待価値、願望価値、未知価値の向上につながる。

まず、顧客・社会に感動を与える製品・サービスをつくり出すには、製品・サービスを生み出す "Q2：プロセス・システム整備の質" が魅力的であることが必要となる。そして、この Q2 で決められたプロセス・システムどおりに実施・改善する "Q3：実施・改善の質" については、Q2 とタッグを組む形で存在し、決められたとおりに実施するとともに、常に顧客・社会のニーズを先取りするようなプロセス改善が欠かせない。品質不正を起こさない・起こせないプロセスの整備とその実施も、次に説明する Q4、Q5、Q6 の影響を受けながら Q2、Q3 が主に担っている。

"Q4：事業戦略の質" は、顧客・社会のニーズは常に変化するので、一早くニーズにマッチした事業領域に着手し、衰退していく事業は売却や撤退する等の循環に関するものである。成熟期を越え衰退期に差しかかった事業では、途上国とのコスト競争に巻き込まれ、競合激化からコストカットで品質不正につながるケースが多く見られたことからも、この視点が重要となる。

"Q5：経営方針の質" は、組織全体に指し示す、経営理念、経営ビジョン、行動指針、中長期計画等、組織全体の方向性や運営方法を支配する極めて重要な領域である。経営理念などはただ掲げるだけでなく、効果的・効率的に成果に結びつけるためのきめ細かな指示と同時に、徹底度合の把握や問題・課題の把握と改善が伴ってはじめて有効に機能することの理解が必要である。

"Q6：組織文化・風土の質"は，創業精神，文化，風土，体質等を全て包含したものであり，組織の考え方や行動に多くの影響を及ぼす．

中間管理職層と実務担当者層は，主に Q2，Q3 を担うのに対して，経営層は Q4，Q5 を主に担うとともに，Q2，Q3 の大枠を分担する．Q6 については，全構成員が一体となって良い組織文化・風土を育む役割を担う．

なお，Q2，Q3 は，日々の活動との関係が深く，顧客・社会の変化に最も敏感に気がつく領域でもある．したがって，中間管理職層による Q4，Q5 領域への積極的な提案活動が組織活性化に欠かせない．

これら Q1〜Q6 の総体が，"Q7：ブランドの質"を形成して顧客・社会への吸引力となる．顧客・社会のニーズを先取りする製品・サービスをつくり出していくこと，及び当たり前である品質不正を絶対に起こさないためには，Q1〜Q6 の各々の質を高めることが必要となる．

4.1.2　TQM 活用による品質／質のつくり込み

今回取り上げた品質不正の特徴として，その広がりが会社全体やグループ全体に広く浸透していたことがある．これだけ広がった品質不正は，局所的な対策を取るだけではとても効果が期待できない．全社・グループ全体の構造的改革とでもいうスコープでの改善・改革が必要となる．

このような改善・改革に際しては，マネジメントツールの活用が

有効である．マネジメントツールは多種多様であるが，卓越した製品・サービスづくりや品質不正をなくす上でバランスが取れ，手段系のツールがそろったマネジメントツールの一つが TQM である．TQM は，図4.1 で示した Q1 から Q7 に至る全ての質を向上させるマネジメントツールということになる．

なお，ISO 9001 に基づく QMS もマネジメントツールの一つであるが，これは要求事項であって，プロセスやシステムを整備する際の具体的な手段を与えているものではない．第2章で述べたように，多くの QMS 認証企業が品質不正を発生させてしまっていることを考えれば，このマネジメントツールだけで品質不正をなくすことは難しいと言わざるを得ない．

（1）　TQM とは

JSQC は，TQM を次のように定義[1]している．

『－品質／質を中核に，

　　－顧客及び社会のニーズを満たす製品・サービスの提供と，

　　　働く人々の満足を通した組織の長期的な成功を目的とし，

　　－プロセス及びシステムの維持向上，改善及び革新を全部

　　　門・全階層の参加を得て様々な手法を駆使して行うことで，

　　－経営環境の変化に適した効果的かつ効率的な組織運営を実

　　　現する活動．

　　注記1　顧客及び社会のニーズには，明示されているもの，

---

1)　前出（p.13）と同じ．

　　暗黙のもの，又は潜在しているものがある．

　注記2　TQMに関わる重要な要素の関係を図示すると次に
　　　　　なる．』（図4.2参照）

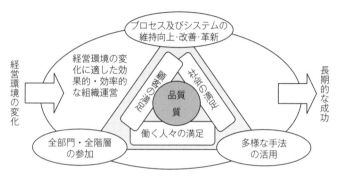

図4.2　JSQCが定義するTQM

［出典：JSQC-Std 00-001:2018　品質管理用語，p.4，日本品質管理学会］

　組織が持続的に成功し続けるためには，顧客・社会のニーズを先
取りした"未知価値"を追究した顧客価値創造を行うとともに，取
引の基本となる"基本価値"を当たり前のこととして満たすことが
必要であり，品質不正や欠陥製品・サービス等のネガティブ領域は
絶対に起こしてはならない．したがって，組織には，これら双方向
の組織能力を高めるマネジメントが求められる．

（2）　TQMの原則

　TQMの原則（一人ひとりの行動の基本となる考え方）の主なも
のとしては，①顧客指向・社会指向（顧客満足・社会満足），②プ
ロセス重視，③PDCA（含SDCA）サイクル，④重点指向，⑤デー

タに基づく，⑥全員参加，等がある．

（3）　TQM の中で中核となる活動

　TQM の中で中核となる活動は，プロセス及びシステムの維持向上，改善及び革新並びにこれらの組合せである．

（a）　維持向上

　目標を現状又はその延長線上に設定し，現状よりも良い結果が得られるようにする活動をいう．日常管理での SDCA サイクルを回すのが維持向上活動の代表といえる．維持を目指す中で少しでも向上するためには，仕事の結果のばらつきに着目し，昨日より今日，今日より明日とより良い結果が得られるようにプロセスを日々改善していくことが重要である．

（b）　改　善

　目標を現状より高い水準に設定して，問題又は課題を特定し，問題解決又は課題達成を繰り返す活動をいう．方針管理の中で，目標の達成を目指して PDCA サイクルを回し，従来と異なるプロセスを生み出す活動は改善の代表といえる．

（c）　革　新

　不連続な高い目標を一気に達成する考え方・活動をいう．この場合，今までの延長の考え方ややり方に固執していては難しい．組織の外部や組織内の他部門で生み出された新たなノウハウの導入・活用等によってプロセス及びシステムの不連続な変更を目指すことが必要となる．

（4）　TQM の活動要素

前述の TQM の中核となる活動を全部門・全階層の参加を得て実践し，働く人々の満足につなげるためには，特定の狙いを持った活動を推し進めることが必要である．

TQM の活動要素とは，"新製品・新サービス開発管理" "プロセス保証" "方針管理" "日常管理" "小集団改善活動" 及び "品質管理教育" 等である．これらの要素の関係を図 4.3 に示す．

なお，4.2 節で後述する "リスクマネジメントとクライシスマネジメント" は，プロセス保証に含まれるものとして捉えることができるが，続発する品質不正に対して重要な要素であるため，以下で

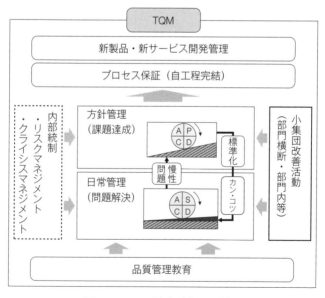

図 4.3　TQM 活動要素の関係図

は，独立した項目として説明する．また，日常管理については，
4.3 節で詳しく説明する．

　以下に活動要素を示すが，各項における『　』は，"JSQC-Std
00-001:2018 品質管理用語"の定義からの引用である．各活動要
素の実践にあたっては，JSQC がこれらの各種指針を発行（4.6 節
で詳述）しているので，多くの組織での活用を推奨したい．

（a）　新製品・新サービス開発管理

　JSQC では，『新製品・新サービスに関わる活動を効果的かつ効
率的に行うために，プロセス及び／又はシステムを定め，維持向
上，改善及び／又は革新して，次の新製品・新サービスの開発に活
かす一連の活動．』と定義している．

　顧客・社会に価値を提供していく上で中心を成す要素である．

（b）　プロセス保証

　JSQC では，『プロセスのアウトプットが要求される基準を満た
すことを確実にする一連の活動．』と定義している．

　プロセス保証は"自工程完結"と言われることもあり，図 4.4 に
示すように，分割された個々のプロセスにおいて，アウトプットの
基準を 1 回で満たし，手戻りややり直しをしない工程能力が高い
状態をつくり出すことをいい，品質の確保に欠かせない．細分化さ
れた完成度の高いプロセス保証をつなげた"プロセス保証の連鎖"を
つくり出すことによって，別人による工程内検査や完成検査等も，
大幅に削減もしくはなくすことができるようになる．1 回の作業で
アウトプットの基準を満たし，手戻りしないことが肝要となる．

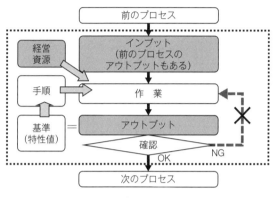

図 4.4　プロセス保証図

［出典：JSQC-Std 32-001:2013　日常管理の指針，日本品質管理学会，p.15 の
図 9 に筆者が一部加筆.］

（c）　方針管理

JSQC では，『方針を，全部門・全階層の参画で，ベクトルを合
わせて重点指向で達成していく活動.』と定義している.

組織のビジョンや経営目標を達成する上で，維持向上だけでは足
りない部分について，改善・革新を織り込み，高い目標達成のため
の PDCA サイクルを回していくためのものである.

（d）　日常管理

JSQC では，『組織のそれぞれの部門において，日常的に実施さ
れなければならない分掌業務について，その業務目的を効率的に達
成するために必要な全ての活動.』と定義している.

"今日ある姿を最低と思え" と言われるように，知恵を絞り出し

て日々の維持向上を図ることが日常管理の基盤を成す．品質不正を起こさないためには，この日常管理の質が大きく左右する．なお，日常管理は，現場第一線のもの等との誤解が一部に見られるが，全機能の全階層で取り組む必要がある．とりわけ，経営層が現場の実態を把握する上で有効に活用すべきツールでもある．

（e）　小集団改善活動（小集団活動）

JSQCでは，『方針管理・日常管理を通じて明らかとなった様々な課題・問題について，コミュニケーションがはかりやすい少人数によるチームを編成した上で，特定の課題・問題についてスピードのある取り組みを行い，その中で各人の能力向上と自己実現，信頼関係の醸成を図るための活動．』と定義している．

経営層や中間管理職層を含めた部門横断チーム，部門別の改善チーム（プロジェクト活動），現場第一線の従業員によるQCサークル等が含まれる．なお，第一線の従業員がQCサークル等で改善してくれるのは本当にありがたい．しかし，別の見方をすれば，技術者や中間管理職層以上が，あらかじめもっと質の高いプロセス整備をしていれば，第一線の人が"やりづらい"作業を改善したり，"より生産性が上がる"やり方を工夫したりすることは不要だったともいえる．

したがって，技術者や中間管理職層は，現場第一線の担当者に"このような改善をしてもらわなくてもよい"ようにするには本来どうすべきだったかという視点で自分たちの仕事を見直すことによって，マネジメントの質が一層向上することになる．また，現場第一線の担当者層との距離が狭まり，相互信頼関係の向上にも役立つ．

（f）　品質管理教育

JSQC では，『顧客・社会のニーズを満たす製品・サービスを効果的かつ効率的に達成する上で必要な価値観，知識及び技能を組織の構成員が身につけるための，体系的な人材育成の活動.』と定義している．

維持向上，改善及び革新が活発に行われるためには，それらを効果的・効率的に行う上での知識・技能が欠かせない．階層別・分野別等の教育体系を整備し，計画的な育成を図ること等が必要となる．なお，経営層への教育が脱けがちなので，注意が必要である．

（g）　リスクマネジメントとクライシスマネジメント

JSQC の指針では，リスクマネジメントとクライシスマネジメントをプロセス保証や新製品・新サービス開発管理の中に位置付けており，TQM の独立した活動要素としていない．しかし，品質不正が減少するどころか増加の状況にある中で，いかにしてこのネガティブ領域をなくすかが喫緊の課題といえる．

そこで，ここでは，リスクマネジメントとクライシスマネジメントを “可能な限りリスクを事前に予知し，それらの未然防止を図るためのあらゆる活動，及び万一発生してしまった際に，損失を最小限にとどめるためのあらゆる活動.” と仮定義した上で，4.2 節でその内容について詳しく掘り下げることにする．

特に，コンプライアンスの社会的な要求が高まる中にあって，この視点を加えることには大きな意味があると考える．

（5）　TQM の手法

　表 4.1 に示すような各種手法を使用することによって，TQM の活動要素をより効果的・効率的に進めることができる．料理には包丁が，木を切るにはノコギリが欠かせないように，TQM を展開する上でも適切なツール類の活用が有効となる．

表 4.1　TQM で用いられる代表的な手法

活動要素	手　法
・新製品・新サービス開発管理 ・プロセス保証	品質機能展開（QFD），多変量解析，マイニング，CS ポートフォリオ
	FMEA・FTA，ワイブル解析
	実験計画法，加速試験
	タグチメソッド（品質工学）
	工程能力指数
	QA ネットワーク（保証の網）
・方針管理 ・小集団改善活動	QC ストーリー（問題解決，課題達成）
	QC 七つ道具
	統計的方法（検定・推定，実験計画法，多変量解析等）
	言語データ解析法（新 QC 七つ道具）
・日常管理	プロセスフローチャート
	管理図，管理項目一覧表，QC 工程表
	工程異常報告書
	作業標準書
	エラープルーフ化
・品質管理教育	階層別・分野別教育体系
	能力・技能評価シート
＊リスクマネジメント ＊クライシスマネジメント	R-Map 法，BC プラン
	インシデント情報活用

＊印：品質不正防止に有効なために追加する．
［出典：JSQC-Std TR12-001:2023　品質不正防止，p.35 の表 5 に筆者が一部加筆．］

(6)　TQM による組織能力の強化

　TQM は，図 4.1 で示したように，Q1 の基本価値から未知価値
に至る製品の品質・サービスの質をつくり出すために，組織能力を
構成する Q2 から Q6 を向上させる活動でもある．組織能力につい
ては，品質不正を引き起こす要因として 3.4 節で説明したが，ここ
では，組織能力とは何かについてもう少し詳しく見てみよう．

　組織能力は，組織で働く "一人ひとりの能力" と，これら個人の
力を結集して総合力として働かせることのできる "集団の能力" の
双方に関係しており，組織能力を向上するためには双方の強化が必
要になる．強化にあたっては，以下のことを勘案するのがよい．

(a)　組織能力のベースとなる個人の能力が重要

　一人ひとりが持つ能力としてはロバート・L・カッツが提唱[11]し
たコンセプチュアルスキル，ヒューマンスキル，テクニカルスキル
が必要であり，その概要を図 4.5 に示す．

　コンセプチュアルスキルは，混沌とした状況の中から本質を見抜
く能力，各種情報から将来を見据えた洞察・展望能力等である．ま
た，ヒューマンスキルは，人心把握能力，説得・交渉力，協調性等
である．さらに，テクニカルスキルは名のとおりに各分野の専門的
な固有技術力及び表 4.1 に示したような各種手法を使いこなせる能
力等をいう．これらは，階層により，また担当する機能や業務内容
によってその重点が異なる．経営層はコンセプチュアルスキルの比
率が，担当者層はテクニカルスキルの比率が高い．中間管理職層は

---

11)　ロバート・L・カッツ(1882)　スキル・アプローチによる優秀な管理者への道,(HBR
　　著名論稿シリーズ), DIAMOND ハーバード・ビジネス，Vol.7, No.3, pp.75-91

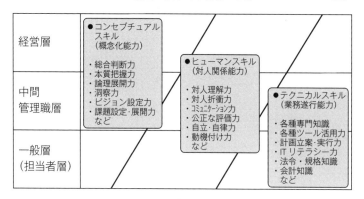

図 4.5 組織能力向上に必要なスキル

［出典：ロバート・L・カッツ(1982)：スキル・アプローチによる優秀な管理者への道，(HBR 著名論稿シリーズ)，DIAMOND ハーバード・ビジネス，Vol.7, No.3, pp.75-91 をもとに筆者が作成．］

その中間に位置する．

(b) 組織能力と品質不正の関係の理解

組織には，目的を達成するために各々特定の使命・役割を割り当てられ，それらを果たすための人々が存在する．各人は，それぞれが割り当てられた役割を果たすために努力する．品質不正の面から見れば，例えば現場第一線の担当者は，正しいプロセスが整備され，目的や正しい作業ができる知識やスキルの教育・訓練を受け，教育・訓練されたとおりに作業ができる作業環境が整っていれば，通常品質不正を行わなければならないような状況にはならない．

しかし，第２章で見たように，作業の目的や正しいプロセスの知識やスキルの教育・訓練が行われていない，作業に必要な人員や設備が用意されていない，作業に必要な時間が確保されていない，

作業の判断結果が無視される等の諸ストレスが単数又は複数加わることによって品質不正につながる可能性が生じることになる.

　これらのストレスがかからないように, 事前にこれらをリスクとして捉え, それらに対応できるプロセスを整備し, 日常管理の対象としてきめ細かにマネジメントをすることが経営層及び中間管理職層の最も重要な使命・役割である.

　このようなことを当たり前と感じられる組織文化・風土を形成していくためには, ひたすら地道にこれらを継続して実施し, 組織能力として結実させることが必要なことを組織で働く全員が理解していることが重要となる.

(c)　TQM と組織能力の関係の理解

　一人ひとりの持つ能力を向上させるためには, 必要な知識・スキルを身につけるための体系的な研修を用意することが大切である. ただし, 単に教えただけでは使いこなせるようにならない. したがって, 身につけた知識・スキルを適用するための実践の場が必要となる. 一人ひとりに能力があっても集団となると能力が発揮できない場合も出てくる. 集団の能力の向上を図るためには, 一人ひとりが持つ能力をうまく発揮してもらうための仕組みが必要となる.

　これら二つの役割を果たすのが TQM である. 方針管理, 日常管理, 小集団改善活動などに参画する中で, 品質管理教育を通して学んだことが自分のものとなり, TQM の原則に基づいて行動する能力, すなわち, 維持向上, 改善及び革新を行える能力が養われる. また, プロセス保証や新製品・新サービス開発管理などの活動要素に取り組む中で, 複数の人がうまく連携できる仕組みが構築でき

る.

4.1.3　品質つくり込みプロセスの改善・革新に向けたトップマネジメントの役割と責任

（1）　リーダーシップの発揮

第2章で見たように，品質不正は特定の部門だけでなく，全社やグループ全体に広がっている場合が多い．このような広がりに対しては限られた部門だけを対象としても十分な効果が得られないため，全部門が製品・サービスづくりプロセスの抜本的な改善・革新に取り組み，ベクトルを合わせることが有効となる．これはトップマネジメントのほかにできる者はなく，自らが推進責任者になるか，又は能力を備えた者を指名して進める必要がある.

（2）　的確な組織設計と機能分担

（a）　品質部門の権限強化

品質保証と顧客価値創造とがほぼ同義語であることを冒頭の1.1節で確認した．その点からすれば，顧客・社会のニーズに適した製品・サービスを提供していくために，3.2.2項で詳しく触れたように，基本価値から未知価値までをつくり出すプロセスを整備し，それを確実に実施ができるようにリードしていくことが，品質部門の重要な使命・役割となる.

しかし，品質不正の各種報告書では，各社とも品質部門は検査やクレーム処理等を中心とした作業を中心に行っていたという記述が多く見られた．トップマネジメントは，製品・サービスづくりプロ

セスの抜本的な改善・革新にあたって，この視点から品質部門のあり方を見直すことが望まれる．

（b）　完成検査機能の独立性確保と経営資源の確保

　品質不正の事例には，検査結果の如何にかかわらずに，納期優先で出荷される等が起こっていた．これは，完成検査の重要性を理解しないまま組織設計を行った結果と考えられる．少なくとも，基本価値にあたる法令，規格，顧客との契約や約束事が，いかなる場合でも確実に守られる適切な組織設計と機能分担が必要であり，トップマネジメントは，完成検査の機能を有する部門の独立性を担保し，人数，設備，教育・訓練の実施に必要な資源等を確保することが重要である．

（3）　現場第一線に関心を示す

　環境変化に的確に対応していくことが経営の使命であり，そのためには，全部門・全階層の闊達なコミュニケーションが必要になる．しかし，品質不正の事例を見ると，トップマネジメントと現場第一線とが断絶とも思われるほど疎遠な状況であったことが多くの組織で伺えた．

　これらは，トップマネジメントが現場第一線の実態に興味を示さなかったとともに，中間管理職層が双方の連結ピンの役割を果たさなかった結果であったと思われる．

　トップマネジメントは，例えば，特に重要特性に関する管理項目の展開や集約等を活用して，常に現場第一線とつながったマネジメントを行うことが重要である．また，定めた基準以上の問題や課題

を経営会議等で審議するプロセス整備も現場第一線との闊達なコミュニケーションのためには欠かせない.

(4) 組織文化・風土の醸成

組織文化・風土は,組織能力の基盤を成している.3.4.1項で述べたように,レベル1の"人工の産物",レベル2の"信奉された信条と価値観"だけで品質不正をなくすことは難しいとの認識に立ち,レベル3の"基本的な深いところで保たれている前提認識"がどのように染みついているのかの構造までを細かく調査分析をした上で,それを変える対策を練る必要がある.

特に,長年にわたって染みついている組織文化・風土の改革を進めるには,4.2節の内部統制や4.3節の日常管理などを構成員各層の日々の業務に組み込み,なぜそれらが必要なのかをトップマネジメントは中間管理職層や時には担当者層に,そして中間管理職層は担当者層にきめ細かく納得するまで説明する必要がある.組織文化・風土の醸成には各機能・各階層とのコミュニケーションの闊達化,とりわけ現場第一線の困りごとの把握に基づいたコミュニケーションが欠かせない.

4.2 内部統制の整備・充実

内部統制は,図4.1の"Q2:プロセス・システム整備の質"及び"Q3:実施・改善の質"を向上させる上で欠かせない.特に,品質不正をなくす上では,日常管理とともに不可欠な要素である.

内部統制に関しては，会社法にその運営法が規定されており，品質不正の未然防止には欠かせない．

4.2.1　会社法が求める内部統制のポイント

会社法における内部統制は，取締役会での適正な企業経営を目的として，財務・非財務全てで法令や定款に職務が適合しているかどうかを確認し，全ての利害関係者に会社経営での損害発生を未然に防止するためのものである．

（1）　会社法が求める基本方針

（a）　取締役の職務の執行情報の保存及び管理に対する体制

取締役の職務執行の重要な意思決定を記録し，保管期間や保存場所を定める等が求められている．

（b）　損失の危険の管理に関する規定その他の体制

会社経営をするには様々なリスクが発生するので，これらのリスクの事前防止体制や，万一発生した際の対応手続き等について管理規程を策定する等して，リスクマネジメントとクライシスマネジメントの実施が求められている．

（c）　使用人の職務執行が法令及び借款適合を確保するための体制

従業員が，法令，規格，顧客との契約や約束，社内標準，社会規範等を守るプロセス整備をした上で，教育・訓練してプロセスに準じた作業をすることが求められている．

（d）　親会社及び子会社などの企業集団における業務の適正を確保するための体制

　当該会社のみならず，グループ全体においても内部統制プロセスやシステムを整えることが求められている．

（2）　内部統制に整備に有効な 6 つの要素

（a）　統制環境

　組織の全構成員が内部統制への意識を高める要素であり，ルール適用と遵守によって，初めて健全な運営が可能になることを全関係者が認識する必要がある．

（b）　リスクの対応と評価

　内部統制の目的達成を妨げるリスクを分析し，排除するために必要な要素である．すなわち，経営目標を達成する上で，各分野で発生するリスクをあらかじめ全て取り上げて検討・評価し，品質不正やその他のトラブルを防ぐためのプロセス整備とその実施が求められる．なお，事前にいくら万全を期しても品質不正や各種トラブルが出ないとも限らない．そのために，万一クライシスが発生した場合に被害を最小化するためのプロセス整備とその実施，すなわち，クライシスマネジメントも必要となる．

（c）　統制活動

　企業内のあらゆる取り決めを全ての構成員が正しく守り，業務を遂行するために必要な要素である．経営層が部門の適切な責任範囲と裁量権を定め，その取り決めに沿うように運用されているかが重要となる．それにはまず，部門の職務分掌，権限，責任を明らかにすることである．そして，関係する各種規定や標準類に準じて，いつ，誰が，どの標準類に準じてどのように作業をすることが必要

で，その結果の判断基準等の5W1Hを明確化することが品質不正の発生防止につながる．

　具体的には，顧客との取り決めに関して，顧客との契約や約束は何件あり，顧客ごとの取り決め項目やその内容，項目ごとの判定基準，確認の条件や手順，判定基準を外れた場合の処置方法等を明らかにした上で，誰が作業を行い，誰が判定するか等も細かく定める等の工夫によって品質不正を起こさないことにつなげる．

（d）　情報と伝達

　必要な情報が適切に関係者へ伝達される体制構築や，正確な情報を伝えるルールづくりに必要な要素である．内部統制の整備・実施にあたって，必要な情報が必要なタイミングで必要な関係者に伝達されていることが必要となる．トップマネジメントから担当組織や責任者への命令や指示はもちろんのこと，逆に職場第一線からトップマネジメントへの報告や課題提案等に加え，社内外とのコミュニケーションも適切に行われるプロセス整備と実施が欠かせない．

（e）　モニタリング

　構築された内部統制システムが問題なく機能しているかを確認するプロセスである．よって，プロセスの中にモニタリングが組み込まれていて，目的・目標どおりに機能していることを確認すると同時に，もしも問題が生じたら，適宜適切な処置・対策につなげることにある．モニタリングの種類としては，各種標準類に基づいた業務が適切に行われて，品質不正が発生していないか等の日常的なものと，取締役会や株主総会等への報告等のスポット的なものの2種類がある．

（f）　IT への対応

　上述（a）〜（e）を効果的・効率的に運用する上で必要不可欠な要素である．品質不正に関しては，出力データの改ざん不可能な自動記録化や，顧客ごとに正常に稼働しているかの状態監視等にも IT は欠かせない．AI の発達に伴って品質不正の AI 監視による未然防止等の期待も高まる．

（3）　内部統制に関するトップマネジメントの役割

　会社法では，トップマネジメントに内部統制システムの整備に関する基本方針を定め，内部統制システムの構築・整備をするように求めている．よって，経営理念や行動方針に"法令を遵守し，社会的良識に従って公正で誠実な企業活動を行う."等を掲げ，これを徹底するプロセス整備とその実施確認は，トップマネジメントの重要な役割である．

　そのため，トップマネジメントは，形式的な経営理念や経営方針の掲示にとどまるのではなく，会社法，不当競争防止法等の関係法令はもちろんのこと，関係している事業に関連する法令や規格等の主旨や真意を自らよく理解した上で組織設計を行うことが求められる．その上で，それらに必要な経営資源を確保して教育・訓練することが重要となる．そして，グループ全体の現場第一線の隅々に至るまで要求事項を浸透・徹底させ，徹底度合を継続的にモニタリングして足りていないところを改善する役割を担っている．

（4）　関連規格

内部統制の整備にあたって参考となる関連規格としては，阪神・淡路大震災発生を教訓として，クライシスマネジメント対応のTRZ0001:1996 が開発された．これが発展する中でリスクマネジメント要素が加えられ，2001 年に JIS Q 2001（リスクマネジメント構築のための指針）が世界で初めて制定された．筆者はこれに準じたプロセス整備の経験を持つ．

その後，2010 年に ISO 31000 に準じた JIS Q 31000（リスクマネジメント－指針）が制定されるに伴って，残念ながら JIS Q 2001 は廃止になってしまった．いくら火の用心（リスクマネジメント）をしても火事をなくすことは難しく，初期消火の重要性やそれと連動した消防自動車等の迅速な活動が欠かせない．

これと同様に，品質不正の場合もクライシスマネジメント面を欠かすことができないので，JIS Q 31000 を活用する場合は，JIS Q 22320:2013（社会セキュリティ－危機事態管理）や，JIS Q 22301:2020（セキュリティ及びレジリエンス－事業継続マネジメントシステム－要求事項）などと併用するとよい．

4.2.2　リスクマネジメントの促進

リスクマネジメントは，事業や組織の運営に影響を与えるリスク（不確実性のある事象）に対して，適切な予防を施す一連のプロセスであり，諸リスクが顕在化する前にそれらをあらかじめ回避するか，あるいは被害を最小限に抑えるために様々な対策を講じることである．品質不正関連でも，どのような品質不正がどのような場面

で発生するかを事前に洗い出して対応しておく活動が欠かせない．なお，リスクマネジメントには"脅威"と"機会"の両面があるが，本書では前者の"脅威"のみを対象にする．

（1） リスクマネジメントの種類と本書での対象

組織活動には多くのリスクが内在する．大きく分類すると次の4種類がある．

① 組織全体がM&Aをされる等の経営管理上のリスク

② 資産運用や投資等に関係する財務上のリスク

③ 事業継続していく上での法令違反，規格違反，顧客と交わした契約違反，標準不遵守等によるリスク

④ 地震や台風等の自然災害のリスク

本書では，③の事業継続面のリスクを対象とする．筆者の経験では，この③だけで140項目ほどのリスクが管理対象となった．

リスクマネジメントは，事後に"想定外"になる可能性のある事項を事前検討して対応法を明らかにしておくことである．事業継続するために，グループ組織全てを対象に想定されるリスクを列挙し，どの会社・部門がどのリスクをどのように回避や軽減するか等をあらかじめ検討し，日頃トップマネジメントから現場第一線に至る全ての階層で役割分担して管理の対象・時期・方法等を決めておくことが重要となる．加えて顧客・社会のニーズや競合状況も変化するので，定期的な見直しが欠かせない．

(2)　リスクマネジメント実施の手順

リスクマネジメントプロセスの整備にあたっては，図 4.6 に示す
ような手順で実施するとよい．

(a)　リスクを発見・特定する

まず，あらゆるリスクをリストアップする．特に関係する法令や
各種規格類，顧客・社会と交わした契約関係や約束事のプライオリ
ティが高いことは言うまでもない．海外展開する際には各国の法令
等を十分調査してかからないと当局への届出遅延で莫大な罰金を科
されることになりかねない．金融不正関係で米当局への届出遅延 2
か月で，358 億円もの罰金を課せられた例があり，注意が必要であ

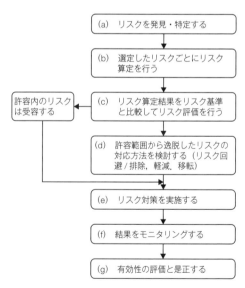

図 4.6　リスクマネジメントの手順

る.

（b） リスクを算定（分析）する

表 4.2 は，リスクが市場に流失して重大なクライシスになってしまうことを想定し，そうならないために事前にどのような活動をしておかなければならないのかを検討した 140 項目の中の一例（安全規格関連）である.

表 4.2 の構成は，リスクが顕在化した際の"10. 影響度"と"11. 発生頻度"の両面からリスクがどのくらい重大なものかを算定する（図 4.7 参照）. その際に甚大被害になる"3. 想定される二次クライシス項目：市場に流出してしまう致命的な事柄"から検討すると進めやすい.

二次クライシスの判断基準としては，顧客・社会への影響度，経営に与える影響度などから，各組織が件数，金額，性質など定量的・定性的に決めておくのがよい. 二次クライシスを絶対に起こさないようにするために，"6. 未然防止策"をどのように立てて実施するのか，加えて"7. 未然防止策実施判定基準"や"8. 有効性評価"までも決めておく. また，万一"9. クライシス発生時対応方法"も事前検討しておくのがよい.

（c） リスクを評価する

リスクの評価にあたっては，前項で個々に算定した結果を図 4.7 に示すように，影響度を y 軸，発生頻度を x 軸にとり（逆でも可），リスクがどのレベルかを横並びで相対比較する. これにより，リスク優先度の判断の精度向上につながる. なお，この評価は，顧客・社会の要求の変化や組織内のリスクマネジメントの実施状況等に

表 4.2　安全規格違反関連のリスク検討例

1. 大分類	2. 中分類	3. 想定される二次クライシス項目	4. クライシス項目
・安全規格違反	・UL 規格違反 ・CE マーキング違反	・販売停止 ・規格認証取り消し ・メディア報道，社会的信用失墜 ・顧客補償・裁判など	・生産停止 ・在庫機改造・処分

5. リスク項目	6. 未然防止策	7. 未然防止策実施判定基準	8. 有効性評価
1. 共通 ① 専門技術知識有無	① 本社安全規格管理者からの指導を受け，基準合格	① 教育修了者であること	① 担当変更時の教育
2. 認証取得時 ① 対象部番，品番管理 ② 設計マージン' ③ デザインレビュー ④ 設計評価時の余裕度 ⑤ 部品・Md 評価確実性 ⑥ 仕入先データ信頼性	① リスト管理：GL 承諾：技師 ② 難燃性等の設計基準遵守 ③ 専門技師長承認 ④ 難燃性 5V 品は現物燃焼試験実施で確認 ⑤ 同上 ⑥ ・指定仕入先 3 社限定 ・仕入先と立合いサンプル評価試験実施 ・仕入先現場定期的確認	① 安全規格専門技師承認 ② 規定外未承認フォーマット ③ B 欠品以上残なきこと ④ 最良サンプル採用 ⑤ 同上 ⑥ ・指定外未採用 ・B 項目以上なきこと	・プロセス系 →未然防止項目クリア度合 ・結果系 →認証取得
3. 量産維持時 ① 管理水準外れ ② 全数検査データ取得 ③ 仕入先データ信頼性	① $\overline{X}$-R 管理図兆候把握管理 ② 自動記録装置 ③ 上記⑥に準じる	① 外れなきこと ② 自動記録装置定期点検 ③ 上記⑥に準じる	・プロセス系 →未然防止項目クリア度合 ・結果系 →認証継続

9. クライシス発生時対応方法	10. 影響度	11. 発生頻度	
・クライシス発生時対応標準に準じる ・違反情報受領→設計・生産違反→事実検証→違反有無判断→任所期間との交渉→顧客・社会対応	大	小 ・過去 10 年間違反なし	補足説明：二次クライシスとは， ・人名危機，財産消失 ・行政命令，勧告等の事案 ・全国紙等のメディア報道 ・予想被害額が基準を超えるなどの場合をいう．

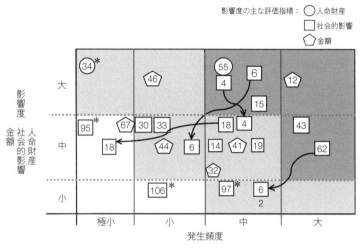

注1. 主要なリスクのみを示し，番号はリスクの識別番号である．
　2. 矢印は見直しによる変化を示し，＊印は見直し時に新たに追加した項目を示す．

図 4.7　諸リスクの相対評価と定期的な見直し例

よって変動するので，定期的な見直し（例えば1回/年）が欠かせない．もちろん，全社やグループ全体を視野に入れた活動が必要なことは言うまでもない．

(d) リスク対応方法の選択

優先度が高いと評価されたリスクに対して，次項の対応方法を適宜選択して実施する．

－回避：リスクを完全に取り除く．［例：受注しない，事業の売却・撤収等］

－軽減：悪影響を及ぼすリスク事象の発生確率や影響度を受容可能な限界値以下にまで減少させる．［例：不良率の低減，設備投資の実施，水準・納期・価格等の契約内容の見直し等］

－移転：脅威によるマイナスの影響を対応責任も合わせて他者と
　共有する．［例：保険，契約等］

－受容：リスクが軽度のものは受け入れて手を打たない．

（e）　リスク対策の実施

個々のリスクに対して，前項で選択した対応策を実施する．実施
にあたっては，管理対象としたリスクを，どの組織が分担し，誰が
どのように実施するのかを割り付け，管理の水準，手順，頻度，水
準を超えた場合の対応方法のプロセスも明らかにすることで，当該
の組織の日常管理のプロセスに落とし込んで実施することが重要で
ある．加えて，部門，全社，グループ全体と対象範囲が拡大した際
の管理のプロセスも定めて，漏れのない運用することが必要とな
る．

（f）　モニタリング

リスクを許容限界値まで下げたとしても，市場の使用・利用状況
によって基準を満たさない可能性がある．また，リスクを受容して
手を打たない項目がクライシスの兆候を見せるとか，全く予想外の
事態が起こらないとも限らない．特に，工程能力上基準値に近い場
合の変更管理時の確認や，安全性に関わる事項等は，インシデント
情報の把握も含めて注意深いモニタリングが欠かせない．

（g）　有効性の評価と是正

インシデント情報も含めての有効性の評価は，定期的に評価・見
直しをして，リスクマネジメントとクライシスマネジメント双方の
プロセス改善を実施する．

(3)　リスクマネジメントの実施例

　第2章で取り上げた自動車・素材メーカー6社の製品検査に関係するリスクマネジメントを実施する場合の検討例を表4.3に示す．

　例えば，"検査人員不足"は，6社共に抱えている慢性的なリスク項目であった．もちろん，これはリスクの算定での影響度と発生頻度はともに"大"で，リスクの評価としては"受入れ不可"であり，回避や移転はできないので"軽減"となる．リスク対策としては，プロセス保証の完成度を高めて完成検査をしなくとも保証できることが将来目標となるが，当面は必要検査人員の確保がリスク対策の実施事項となる．必要な経営資源の確保は，経営層，中間管理職層の最も重要な使命・役割であり，現状からのリスク軽減策は検査人員の確保・投入である．所定の教育・訓練等を実施後の投入などとなろう．

　"監督者層受入れ納得プロセス整備・確認"とは，現場の係長・班長等の実務的な作業責任者が，所定の使命・役割を果たす上で，"これなら確かにできる"と確認・納得できるプロセス整備とその実施である．経営層，中間管理職層による力ずくでの決定を排除し，現場を任された実務責任者の係長・班長が納得できることが望まれる．

　筆者が知る企業の中に，量産開始にあたって，現場の実務責任者の係長・班長の同意・承認がない限り量産開始できない運用をしているところがある．このような運営によって，リスクが低減できることは間違いない．もちろん，この他にも組織の事情によって様々

表 4.3　自動車・素材メーカー6社の完成検査に関係するリスクマネジメントの実施例

リスクの特定（発見）	リスクの算定 影響度	リスクの算定 発生頻度	リスクの評価	対応法の選択	リスク対策の実施	モニタリング	有効性の評価と是正
検査人員不足	大	大	リスク受入れ不可	軽減	・経営層・中間管理職層が必要人員確保・投入 ・監督者層受入れ納得プロセス整備・確認	・計画子実績確認	
検査教育未終了者の検査	大	大	リスク受入れ不可	軽減	・教育未終了者の排除と履修徹底 ・監督者層受入れ納得プロセス整備・実施	・教育未終了者0確認	
法令上規定の未認定検査員による検査	大	中	リスク受入れ不可	軽減	・検査管理責任者による確認後に配置 ・同責任者による日々確認プロセス整備・実施	・教育未終了者0確認	
設備上検査条件が出し難い	中	大	リスク受入れ不可	軽減	・優先順位をつけ設備更新予算確保・実施	・計画子実績確認	
検査時間不足	大	中	リスク受入れ不可	軽減	・必要なタクトタイムの組込み確保 ・監督者受入れ納得プロセス整備・実施	・品種ごとの必要タクトタイム確認	
検査不合格時の再検査プロセス未設定	大	中	リスク受入れ不可	軽減	・ライン外予備検査設定と人員確保 ・検査終了で出荷保留プロセス整備・実施	・予備検査プロセス整備子実績確認 ・検査判定品の出荷0確認	モニタリング結果に準じて項目ごとに実施
製品出荷後の後追い検査	大	小	リスク受入れ不可	軽減	・緊急時検査人員・設備・プロセス整備・実施 ・上記項目不可時はラインストップ	・未検査品の出荷0確認	
検査不合格品の出荷	大	中	リスク受入れ不可	軽減	・製造部門等からの独立確立組織変更 ・就業規則、品質保証規定などに処罰規定	・不合格品の出荷0確認	
検査結果を手入力ミス	中	大	リスク受入れ不可	軽減	・優先順位設備更新予算確保・実施 ・重要事項の監督者層立合い入力確認	・計画子実績確認 ・二人入力エビデンス確認	
自動検査記録装置の後追い書き換え可能システム	中	中	リスク受入れ不可	軽減	・自動検査記録改ざん不可化の予算確保・変更	・計画子実績確認	
完成検査の独立性未確保	大	大	リスク受入れ不可	軽減	・製造部門からの独立確立組織変更 ・組織変更前不合格品・ロットの未出荷確保	・臨時/定期組織変更追跡 ・不合格品・ロットの出荷0確認	
特採判定後に客先で独自判断	大	中	リスク受入れ不可	軽減	・特採承認者（品質部長）プロセス整備・実施	・特採時客先未承認0確認	

備考　"監督者層受入れ納得" とは、現場の実務的な作業責任者が、経営資源の割り当てでタクトプロセス整備状況に関して "これでできる" と納得すること。

なリスク対策方法が出てこよう．モニタリングは実施計画予実績の確認をしながら，有効性の評価と是正をすることにつながる．なお，本来これらの一連の検討は，生産準備の段階で周到に検討しておく事項であることは言うまでもない．

4.2.3　クライシスマネジメントの促進

　第2章で取り上げた事例の中には，品質不正の対象範囲の拡大等で1週間に3回訂正を繰り返した組織があった．また，社長が再発防止の記者会見後にもまだ同一の品質不正が継続しており，追加の記者会見をせざるを得ない事態となり，信頼が地に落ちた組織が複数あった．これらはいずれもクライシスマネジメントのプロセス整備と訓練が不十分であることを伺わせるものである．

　重要なポイントは，前項のリスクマネジメントでいくら万全を期してもクライシスが起きないという保証はないということである．そこで，市場で品質不正が発生することをあらかじめ想定し，その被害を最小にするためのプロセスを整備し，訓練しておくことが必要となる．

　具体的には，起こる可能性のある事象を想定してランク分けし，対応プロセス（ワークフロー，確認方法，時間・納期，役割・分担等）を定め，迅速に対応することが重要となる．これらについて，過去に自社で起こした品質不正はもとより，他社で起こった各種不正を契機にして，見直しプロセスの精度を上げるのがよい．

　なお，本書でのクライシスマネジメントの対象には，

①　リスクマネジメントで予想していたリスクが顕在化した際に

計画に準じて粛々と対処する場合

② 前述の①のリスクマネジメントで想定していた限度を超えて4.2.2項（2）で触れた二次クライシスになってしまった場合

③ 全く想定外のクライシスが突然起こった場合

の3パターンがある.

（1） クライシス発生時の初動活動

図4.8に，国内でクライシスが発生した際の情報収集と対応プロセス例を示す．クライシス発生時に重要なことは，可能な限り迅速，かつ正確な事実の把握に努めることにある．それによって，前述の①の場合は決めたプロセスに準じて計画どおりに対処する．しかし，②の場合は，二次クライシスの認定宣言をし，対応プロジェクトを立ち上げ，顧客・社会・市場状況，生産状況，開発状況等を

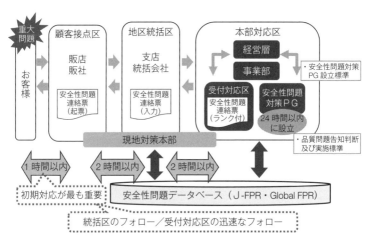

図4.8 クライシス発生時の情報収集と対応プロセス例

収集し，関係者全員が緊密に情報を共有しての一元管理が必要となる．③の場合は，軽微の場合は①に準じてでも構わないが，二次クライシスになる可能性がある場合は②と同様に二次クライシス認定宣言をして対処することになる．

　二次クライシスの認定は，不確定要素があって最初から正確な判断は難しい．その場合は安全側で判断しておき，情報の精度が向上して二次クライシスの基準を下回った段階で認定解除する運営が望まれる．

　いずれの場合も，クライシスの種類別やランク別に経過時間まで含めたプロセスフローと決定者，対外報告等もあらかじめ決めておかないと混乱に陥る．

　なお，①のケースでは事業責任者での対応が一般的であるが，②③のケースでは想定されてない事態であり，経営を左右しかねない緊急事態である．よって，トップマネジメントの迅速・的確な経営判断と陣頭指揮が必要となる．また，グループ子会社でのクライシス発生時に，本社の対応方法を決めておかないと混乱しかねない．これらをも想定した事前準備と訓練が混乱の防止に欠かせない．

（2） 通常復帰後の体系的な見直し・改善

　前項の初期対応が終わった段階で，今回のクライシスを今後二度と起こさないために，リスクマネジメントのどこに不備があったのか，また混乱しがちなクライシス発生時の初期対応の反省から，リスクマネジメントとクライシスマネジメント双方のプロセスを改善し，スパイラルアップする活動が欠かせない．

4.3　日常管理の充実

　4.1 節で述べたように，製品・サービスづくりプロセスの改善・革新を図る上で，TQM は有効なマネジメントツールである．

　中でも品質不正をなくす上では，4.2.2 項のリスクマネジメントと日常管理は双璧を成す重要な要素である．そこで，これをどのように活用するのがよいのかについて触れる．

　日常管理は，業務を進める上での基本となるもので，図 4.1 で示した各種 Q の構成図の中で Q2 及び Q3 の中心を成し，分割された個々の組織単位（部門）だけでなく，組織全体でもその推進が欠かせない．なお，ここでいう部門とは，一まとまりの業務を行う単位であり，規模の大小に関係なく活用できる．

4.3.1　日常管理の基本となる SDCA サイクル

　日管管理の基本が，"SDCA サイクル" である．これは，標準化（Standardize），実施（Do），チェック（Check），処置（Act）のサイクルを確実かつ継続的に回すことによって，一定の成果が確実に得られるようなプロセスやシステムをつくり上げるという考え方である．SDCA サイクルは，マネジメントの中でも "維持向上" に焦点を当て，そのやり方をわかりやすく示したもので，概要は次のとおりである．

　　－標準化（Standardize）：一定の結果が得られるようにするには，作業，設備，資材，計測等，結果に影響を与える要因を一定の条件に保つことが必要になる．したがって，これらに関す

る取り決め（標準）を設定して，確実に守られるようにしなければならない．これには，必要な教育・訓練を行うことや，守れる工夫をすることも含まれる．なお，標準化にあたって，リスクマネジメントによって予想されるリスクを洗い出し，それらを軽減又は回避することを十分検討することが重要となる．

−実施（Do）：取り決めどおりプロセスを実施する．そのとおり実施できているかどうかを確認し，必要に応じて，追加の教育・訓練や守れる工夫を補強する．

−チェック（Check）：努力して実施しても，決めた内容が不十分又は決めたとおりに実施されない場合も出てくる．また，いつもと違う結果（異常）も発生する．これらに素早く気づき，その原因，すなわち取り決めの不十分さや取り決めを守る仕組みの弱さを明らかにすることが大切である．

−処置・対策（Act）：チェックの結果から，取り決め内容や，それが確実に守られるようにする仕組みをよりよいものにする．

このようなSDCAサイクルをそれぞれの部門・担当者が繰り返すことで維持向上が図られ，一定の結果を安定して生み出すことのできるプロセス及びシステムが確立できる．

なお，マネジメント（広義の管理）のやり方に，PDCAサイクルがある．これは，計画（Plan），実施（Do），チェック（Check），処置・対策（Act）を繰り返すという考え方である．広い意味ではSDCAサイクルを含むものであるが，方針管理においてよく使われる．

未知の課題達成領域で PDCA サイクルを回して一とおりのプロセスを整備した後に，維持向上を指向してプロセスに準じた作業を行い，そこで得られたカン・コツ等を含めたノウハウを追加し，より完成度の高いプロセスに改善していく SDCA サイクルは，日常管理そのものといえる．

4.3.2　部門の使命・役割の明確化と標準化

（1）　使命・役割とは

部門の日常管理を効果的・効率的に行うためには，当該部門の使命・役割を明確にする必要がある．ここでいう部門の使命・役割とは，組織が経営目標を達成するにあたって必要となる機能を分解して部門又はその構成員に割り当てたものである．

部門の管理者は，自身が任されている組織がどのような使命・役割であるかをしっかりと認識するとともに，定期的に見直しを行い，構成員に理解・納得させることが重要である．加えて，その使命・役割を果たすための経営資源を確保すること，及び任された使命・役割に準じた迅速な判断・決定・実施が大切である．

（2）　プロセスの明確化

使命・役割を果たすということは，それらを分解した目的・目標を達成することである．目的・目標を達成するためには，当然ながらそれらを達成するためのプロセスの設定が必要となる．このプロセスの設定が標準化を進める上でのベースとなる．プロセスの設定は，次の場合に必要となる．

－新たな業務・作業が発生した場合

－新たな知見が得られ，その活用が今後見込まれる場合

－結果が安定せず，多くの問題が発生している場合

－標準が不足していることがわかった場合

－プロセスを移転する場合（社内プロセスの社外への移管，マザー工場から海外拠点への移転等）

(3) 重要な要因の特定と条件の設定

プロセスを標準化するためには，プロセスのアウトプットに対する要求事項をもとに，アウトプットに与える影響が大きな要因（インプット，作業方法，使用する経営資源など）を特定する．アウトプットに与える影響が大きな要因については，アウトプットが要求事項を満たすのに必要な条件を明確にする．これは良品条件とも呼ばれる．

例えば，製造現場において製品規格を満足させるために，要因である製造条件の中心値と管理幅を求める．すなわち，この範囲内であれば確実に製品規格への適合品が得られる条件を求める．規格への適合や，顧客との契約条件を遵守する上での確認が重要となる．

(4) 標準の作成

標準とは，『関係する個人又は組織の間で利益又は利便が公正に得られるように統一・単純化を図る目的で定めた取り決め．』である．標準を文書化したものは標準書と呼ばれる．

標準の作成にあたっては，安定してアウトプットの基準を常に満

たすように，プロセスの条件を一定の範囲内に維持するプロセス保証を取り込むことが重要である．プロセス保証は，最終的なアウトプットの基準を満たすために必要な一連のプロセスを適当な大きさのプロセスに分割・細分化し，切り分けられた個々のプロセスのアウトプットが常にアウトプットの基準を1回で満たす連鎖をつくりあげることでもある．すなわち，手戻りややり直しをしないプロセスの連鎖の設定が重要となる．

　このプロセスの設定にあたって，プロセスの条件を一定に保つ上でそれを乱す諸要因（リスク）を洗い出して，常に安定したアウトプットが得られるようにすることがリスクマネジメントである．また，標準をよりわかりやすくするためには，図表，限度見本，映像の活用等が有効となる．

　作成した標準については，標準どおり作業すれば要求事項を満たすアウトプットが得られるものになっているか，やりにくいところはないかを確認する．その上で，所属部門の管理者や標準管理部門等の関係部門の承認を得て，組織として登録する．

　また，部門の使命・役割を果たす上で不足の標準はないか，改訂の必要はないか，等の視点で標準リストを常に維持管理しておくことが望まれる．担当者ごとに必要な標準を明確にすると同時に，人事異動等の際には，部門の使命・役割表とともに標準書リストで引き継ぐようにするのがよい．

　なお，各社・各部門が同種な標準を作ると同じような標準が数多くできて非効率である．また，コンプライアンスに関わる事項は，グループ各社でも必須であり，グループ全体の標準の体系化を図

り，効率化とともに主旨の徹底を図ることが大切である．

　筆者は，グループ約250社が独立して別々の標準を定めていた
ものを，コンプライアンスの観点からグループ全体の標準の体系化
に取り組んだことがある．この体験から，標準の体系化はリスクマ
ネジメント面からも極めて有効な手段と感じている．

（5）　教育と訓練

　業務に従事する関係者に，必要な教育が抜けなく行われるプロセ
スを確立する必要がある．また，作業の中には，難しいところやカ
ン・コツ（技能）の必要な部分等，熟練を要し，覚えるのに時間が
かかるものもある．これらに対しては，習得すべき技能，それらを
定量的に評価する方法を定めた上で，作業に従事させてもよいかど
うかの判定基準を明確にしておく．その上で，事前に訓練を行い，
習熟度が基準を満たした人に限定して作業に従事させる必要があ
る．

（6）　標準遵守の徹底とエラー防止

　標準の遵守を徹底するためには，なぜそうしなければならないの
か，守らなかったときの影響について理解させることが大切であ
る．特に，品質不正につながりやすい事項に関しては，注意深く要
点を記述するとともに，常にその要点どおりに実施されているかの
監視が欠かせない．標準を守らなかったために発生した品質不正や
トラブルの事例を用いて教育することも効果的である．

　また，意図しないエラーを防止するためには，エラープルーフ

化（間違いにくくする，間違えると次の作業ができないようにする
等）を行うことが大切である．

（7）　標準の改訂

完全な標準を一度で作成するのは現実的に困難である．作成した
標準類は定期的な見直しや問題が発生した場合の解析に基づいて改
訂する必要がある．例えば，アウトプットのばらつきの改善，生産
性の改善，作業安全の確保等のために，絶えず作業内容の見直しを
行い，その都度関連する標準を改訂することが必要となる．

4.3.3　管理項目・管理水準の設定と異常の見える化

（1）　管理項目の決め方

管理項目とは，『目標の達成状況を監視し，必要な処置を取るた
めに選定した評価尺度．』である．日常管理においては，プロセス
やシステムがいつもどおり機能しているかどうかを監視し，異常を
発見するために用いられる．

管理項目の候補は数多く存在する．管理項目は網羅的に作る必要
はなく，後工程や顧客にとって重要で，当該プロセスの状態を最も
よく反映するものを選べばよい．異常発生の要因としては主に4M
(Man, Machine, Method, Material) がある．これらを特性要
因図などにより整理した上で，それぞれの要因による異常を効果的
に検出できる項目を選ぶとよい．

（2）　管理水準の決め方

　管理項目を用いて異常の発生を検出するには，管理水準（中心値と管理限界）を設定し，得られたデータと管理水準を対比する．管理水準は，望ましい水準をもとに設定する規格値とは区別し，通常達成している水準をもとに設定する．管理限界を合理的に定めるためには，現行のプロセスに関するデータの収集を行い，管理図等の統計的手法を用いることが望まれる．

（3）　管理の間隔・頻度の決め方

　管理項目を確認する間隔・頻度としては，1時間に1回，1日1回，週1回，月1回等がある．異常の発生頻度やデータ収集の工数等を考慮して決定する．間隔が短ければそれだけ異常の発見も早くなるが，短すぎると管理のための工数が大きくなるので，工程の安定度合と経済性の両面から間隔・頻度を決めるとよい．

（4）　異常の見える化

　選定した管理項目は，時系列の推移状態を示す管理図や管理グラフを作成して定常状態にあるかどうかを判断する．異常の発生がすぐにわかるようにするという意味では，管理グラフに加えて，異常警報装置（アンドン）等を活用することも効果的である．

（5）　管理項目の登録

　管理項目は，日常管理にも方針管理にも必要となる．図4.9に示すように，管理項目はトップマネジメントから現場第一線までの

● 方針管理・日常管理の三つの流れ
　基本的に "展開"，"集約"，"環境変化への対応" で構成され，つながっている.

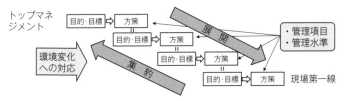

展　　開	・上位目的・目標を順次展開し，職位間で各々最適な管理項目・管理水準を整合を図りながら順次設定し，成功確率を高める.
集　　約	・各部門における目標達成状況・方策の実施状況を確認・評価し，発生した問題・課題を上位へ提起して障害を取り除き，成功確率を高める.
環境変化への対応	・組織の各階層において，内外部の環境変化を監視し，施策の実施・達成に影響が出る場合は，上階の方針と整合を取りながら臨機応変に対応し，管理項目・管理水準も必要により変更する.

図 4.9　管理項目・管理水準の展開と集約

"展開"，現場第一線からトップマネジメントへの "集約"，そして "環境変化" に応じて適宜最適な項目を選ぶことが必要になる. このような考え方は，従来の延長ではない取り組みを推進するための方針管理においては，特に重要となる.

　展開は，文字どおりにトップマネジメントから現場第一線に向かい，分割された各々の組織の使命・役割の範囲でどのような役割を果たすかを明らかにするとともに，責任を果たす評価指標でもある. 上位の目標は下位に展開されるに従って分割され，限定された範囲の目標になる.

　目標値の整合にあたっては，職位ごとの上下の関係で整合する（例えば課長の場合は部長と係長）と，結果的にはトップマネジメントから現場第一線までつながることになる. この目標展開にあ

たっては，組織にとってなぜその施策展開が必要で，その目標の持つ意味合いを十分説明して納得させることが重要である．

　集約は逆に，現場第一線からトップマネジメントに向かう流れである．集約でのポイントは，持ち場の領域で分解された目標達成に際して生じた問題や課題を管理・監督者に提起し，各職位で解決できない事項は最終的には経営会議等につながって議題になることが集約の持つ意味合いとなる．

　これらの展開と集約は，顧客・社会のニーズや社会動向の変化，すなわち環境の変化よって変動する．そのため，組織内外の変化に敏感に反応して最適化を図ることが必要となる．このようにして選定した管理項目は，表 4.4 に示すように，管理水準，管理の頻度・間隔等とともに，“管理項目一覧表”や“QC 工程表”としてまとめ，組織として共有しておくとよい．

表 4.4　管理項目の展開例

〈部品加工部門の管理項目例〉

管理項目	管理水準	管理間隔	異常判定者	処置責任者
工程内不良率	50±5 ppm	毎日	係長	課長
生産数（日）	4〜6 月： 350±10 個 7〜9 月： 400±15 個	毎日	係長	課長
設備稼働率	80±5%	毎週	班長	係長
納入先クレーム対応	1 件以下 / 月	都度 / 月	課長	部長

〈重要安全問題・安全規格の管理項目例〉

管理項目	管理水準	管理間隔	異常判定者	処置責任者	了承者
・B 欠点以上欠陥 ・安全規格違反	0 件	都度 / 月	品質保証部長	事業部門長	社長

　なお，方針管理の管理項目と日常管理の管理項目は，その役割が異なるため，区別しておくのがよい．日常管理の管理項目については，異常の判定に責任を持つ人，異常が検出された場合の処置に責任を持つ人等も明確にしておき，対応時の混乱を避け，かつ迅速化を図る．また，重要特性はトップマネジメントが関与する事項も出てくるので，それらも明らかにしておくとよい．

4.3.4　異常の検出と共有及び再発防止の徹底

（1）　異常の検出

　異常を検出する方法には，管理項目による方法と管理項目によらない方法とがある．プロセスで発生する異常を的確に把握するためには，次の点に注意する．

－データを収集し，都度管理図や管理グラフ等に打点する．

－異常の有無の判定は，打点を管理水準と比較して実施する．その際に管理外れだけでなく，連，上昇・下降の傾向，周期的変動等も考慮する．

－管理項目でわかる異常に加え，いつもと違うという意味での異常がある．いつもと違う異常を検出するにあたっては，次の点に注意する．

　・異常な状態なのか，通常な状態なのか，その判断の拠り所となるものを明確にしておく．

　・人の感性，いわゆる五感（視覚，聴覚，嗅覚，味覚，触覚）による，"何か変"の感じである．日ごろから一人ひとりの作業の中でこの感覚を活用するようにする．

(2) 異常の共有

　異常が発生した場合には，直ちに発生事実を関係者で共有し，対応の仕方を明確にする必要がある．異常に気づくのは，そのほとんどが現場第一線で作業をしている人である．異常に気づいた人がすぐに関係者や上司に報告するためには，日頃から次のようなことに配慮しておく必要がある．

- 職場内でのコミュニケーションを図り，何でも気軽に相談できる雰囲気をつくる．
- そのためには，上司と部下の信頼関係の構築が重要である．上司の挨拶や声かけは信頼関係の構築に有効である．
- 異常の発生を組織として共有化するために，工程異常報告書等にまとめて記録として残す．工程異常報告書には，異常発生の状況，応急処置の対応，再発防止の対応，関係部門への連絡状況等を記載する．また，異常の検出，応急処置の実施状況，原因追究・再発防止の実施状況等，工程異常報告書に含まれる情報を集約し，把握・共有するようにする．

(3) 応急処置

　異常が発生した場合には，プロセスを止める，又は異常となったものをプロセスから外し，異常の影響が他に及ばないように処置をする．その上で，当該の対象に対する応急処置を行う．さらに，異常の発生原因を特定して，プロセスの要因の諸条件を元の条件に戻す処置をする必要がある．応急処置については，起こり得る異常を想定した上であらかじめ標準を定め，教育・訓練しておく．

（4）　原因追究・再発防止

　異常が発生した場合，応急処置を施した上で，その根本原因（真因）を追究し，原因に対して対策を取り再発を防止する．再発防止に効果的であることがわかった対策は，標準の改訂や教育・訓練の見直し等により，プロセスに反映する．

（5）　根本原因の追究

　図4.10に原因追究フローを示す．このフローは標準を基準として標準がない場合，標準はあるが内容が適切でない場合，標準に従っていない場合に大別するという考え方で構成されている．

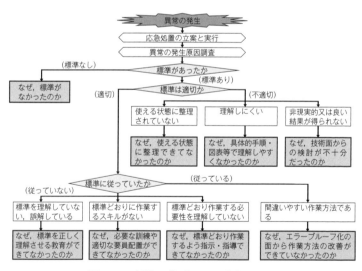

図4.10　標準に基づく原因追究フロー

［出典：JSQC-Std 32-001：2013　日常管理の指針，日本品質管理学会，p.24の図13を筆者が一部改変.］

　このうち，標準に従っていない場合については"知らない""やれない""やらない""うっかり"に更に分けられる．関係者が標準の存在を知らないのは周知不足，知っていてもやれないのは訓練に問題がある．

　また，標準に関する知識・技能があっても意図的に守らないのは標準の重要性が理解されていないからである．うっかりミスの場合もある．この場合には，エラープルーフ化が必要になる．いずれの場合も，"なぜ"を繰り返すことが有効である．

　このフローに従って異常を分類し，どの区分が多いかを明らかにした上で，当該の区分に焦点を絞り根本原因を更に掘り下げて工程表としてまとめ，組織として共有しておく．また，重要特性についてはトップマネジメントが関与する事項も出てくるので，それらも明らかにしておくとよい．

（6）　日常管理の定着

　日常管理は，一度できたと思っても，常に意識して改善を加えないと形骸化しやすいという側面を持つ．各部門の管理・監督者は，メンバーと協力して上述（1）〜（5）の活動を継続的に実施するとともに，日常管理の定着に向けて，仕組み・ツールの整備と見直しや人材育成と組織文化・風土づくりに注力する必要がある．

（7）　人材育成と組織文化・風土づくり

　日常管理のための人材育成と組織文化・風土づくりは，組織全体では経営層がその任にあたり，各部門では管理・監督者層の重要な

使命・役割である．各々の職位に準じて，任されている使命・役割が果たせているかについて常に関心を払う必要がある．その際に次の点に注意する．

 ―職場の使命・役割を，環境の変化に応じて，適宜見直す．

 ―業務のプロセス，作業内容についても，環境の変化に応じて適宜見直しを行い，標準を改訂する．

 ―メンバー全員に，関係する法令，規格，顧客との契約等も含めて，仕事の目的・意義を説明し続ける．

 ―メンバーが，標準に基づいて作業ができているか，確認する．

 ―メンバーが，やりにくいと思ったり，標準を守ることができなくなったりしていたら，メンバーからの声を聞いて改善する．

(4.4) 品質不正を見つけるためのツール活用とその限界

 消費者庁調査資料[12]によると，不正一般の発覚端緒は，内部通報（58.8％），内部監査（37.6％），上司による日常的なチェック（31.5％）と続いている．品質不正を起こさないようなプロセス整備とその実行が望まれるが，少なくとも外部に出る前に組織内で見つけて処置することが求められる．発見を早めるために行われる"内部通報制度""内部監査""コンプライアンス教育"については，その限界を見極めた上で，少しでもその効果を高めるための工夫を加えた活用が望まれる．

---

12)　消費者庁（2019.10.11）：内部通報制度の実効性向上の必要性, p.13

（1）　内部通報制度（公益通報制度）

よく行われる方法に，“公益通報者保護法”（2006年施行）に基づく公益通報制度がある．これは，組織内部の問題を知る従業員から，諸般の理由があって組織内で問題提起ができない際に，情報提供者の保護を徹底しつつ，早期に問題把握によって処置することを意図して制度化されたものである．しかしながら，制度開始後の各種調査によると，通報制度はあってもその利用が少なく，その理由として利用者保護が十分でない等の指摘がされている．

第2章で取り上げたように，各種報告書等では大半が“内部通報制度が十分に機能せず”と記されていた．これに関連して，通報者の秘密が確実に守られ，かつ人事上の不利益を被らないということに対する不安から利用しづらかったとの記述が多くみられた．要は，制度はあったが怖くて利用できなかったという記述が目立ったのである．この制度は不正に対する一定の抑止力や自浄作用の向上に寄与するが，上述のように課題も多いことを理解しておくことが大切である．

なお，2022年6月に同法が改正され，通報者の氏名漏洩が刑事罰の対象になった．改正趣旨に沿った適切な運用が望まれるが，本来はこの制度に頼らない運営こそがありたい姿であることを忘れてはならない．この制度は，あくまでも内部統制の補完的な一手段として認識した上で活用することが望まれる．

（2）　内部監査

内部監査は，多くの組織で不正防止や業務改善に使われる．しか

し，内部監査については次のような課題も指摘されており，これら
を勘案した活用が望まれる．

（a）　仕組みとしての限界

－サンプリングによる監査であり，サンプリングされた監査対象
　以外の事項については監査できない．

－文書・記録・ヒアリングであり，意図的不正の発見は難しい．

（b）　監査部門の課題

－監査部門は，組織の中でノンプロフィットセンターとして認識
　され，重要視されずにリソースの配分も十分でない．その結果
　として，監査員の人数・力量が十分でない場合が多い．

－往々にして経営者の監査が実施されていない，現場に強く提言
　できない等，監査部門側での忖度や監査対象との癒着等が見ら
　れ，独立性にも懸念がある．

（c）　監査のやり方の固定化・形骸化

－社内規定等の基準文書，要求事項の裏返し（……ができている
　か）型の適合状況の確認中心で，不適合を検出してもその原因
　を十分に深堀りしておらず，有効な監査となっていない．

－チェックリストが何年も固定化され，被監査部門の対応も固定
　化し，内部監査が形骸化している．

－監査対象がランダムにサンプリングされず，被監査部門主導で
　対象が選定されて，都合の悪い事項は出にくい．

－長年品質不正が行われていても，組織文化・風土に染みついて
　いる事項は，監査の対象にならない．

（d）　被監査部門の感覚

　被監査部門は，何回も同じような監査を受けても，自部門プロセスの改善に役立つことが少なく，本音では非効率的で縮小を願っている．これらは，2.4.1 項や 3.2.3 項で触れたように "監査が機能していない" と記している内容に符合する．また，QMS 認証についても，長い間実施されてきた内部監査やサーベイランス監査でも見つけられずに事後で取り消しや一時停止になっている現実がある．各社の対策案に，外部人材による監査の追加等，現状より監査数を増やした監査の多層実施がみられるが，限界があることを認識した上での活用が望まれる．

（3）　コンプライアンス教育

　コンプライアンスは，法令遵守から発して，現在では，各種規格，顧客との契約や取り決め，社内標準類から社会的規範も意味するようになってきている．このように範囲が拡大する背景もあり，多くの教育機関が "コンプライアンス教育" のプログラムを提供するようになってきている．しかし，これら多くのプログラムは "コンプライアンス違反の重大性を認識させる教育" であるが，主要な対象は，情報セキュリティ，ハラスメント，労働条件・労働基準等であり，品質不正を真正面から取り扱うプログラムはほとんど見当たらない．また，多くの教育は座学が主流であり，一過性になりやすい可能性を秘めている．

　単なる法令遵守の形式的な教育では十分な効果は期待薄である．効果を高めるには内部統制のリスクマネジメントによって予想され

るリスクを洗い出し，その発生を未然に防ぐためのプロセスを標準化し，日常管理の中に組み込むことが欠かせない．この面では，次項の表 4.5 で示すように，セルフアセスメントの活用などの工夫を加えた上で日常管理に組み入れることが有効となる．

これらからもわかるように，経営理念，行動指針等で掲げた事項は，各部門の実施事項に具体的に展開し，日常管理の対象にしない限り，実効が上がらないことを肝に銘じた上での整備が望まれる．

4.5 セルフアセスメント（自己評価）の活用拡大

人は，未知の領域に関しては，教育を受け，試行し，経験を重ねて育つ．しかし，組織活動で各々の機能分野で活動している者に対して，監査という形での指摘は，監査人の高い知識，実態に則した見識，及び事実に冷静に向き合える人間性等がないと，被監査部門に受け入れられることに抵抗が生じることが少なくない．実際には 4.4 節（2）で触れたように，内部監査には多くの課題が指摘されている．

このような際に，有効な手段として "セルフアセスメント（自己評価" がある．同じ評価でも "チェック" は "単に調べる" という意味が強いのに対して，"アセスメント" は "よく考え，調査を行い，しっかり吟味する" という意味があり，組織能力の向上，組織文化・風土の醸成を図る上で有効なツールとなる．いずれにしても自身に向き合い，自らによる可能な限りの客観的視点で自らを吟味・評価して改善点をみつけ出すのである．

筆者は，日本経営品質賞（米国のマルコム・ボルドリッジ国家品質賞の日本展開版）の全社推進に関与した経験がある．同賞の特徴の一つがセルフアセスメントである．自部門・自身の姿を要求事項（鏡）と照らし合わせ，自部門・自身の足りていないところを自らが気づき，改善対象を洗い出して，自らが改善のプロセスを回すのである．その際，より客観的な評価をするために所定のアセスメントの教育・訓練は必要となる．もちろん，これだけで完璧になるわけではないが，監査のように何回も時間を拘束されることもなく，時に腹を立てることもなく，良くするも悪くするするも全て自身次第であり，生産的であるとの意見が多かった．

　この経験からも，筆者はセルフアセスメントの活用を推奨したい．法令，規格，顧客との約束等に関するセルフアセスメント例を表4.5に示す．

　部門の管理・監督者層には，セルフアセスメントを日常管理と併用するという考え方を持ち，この表に示したような帳票を活用して，自部門又は自身に課せられている事項をアセスメントすることが望まれる．なお，セルフアセスメントに際しては，常に自身磨きと部下磨きが欠かせない．その際に，次の"ABCDE"に配慮した行動が，ステップアップの助けとなろう．

　－ A（awareness）：気づきの感度を上げる．

　－ B（benchmarking）：ベストプラクティスを見る・調べる．

　－ C（cross function）：部門横断の意見を取り入れる．

　－ D（deployment）：展開する．

　－ E（empowerment）：自身と部下の力をつける．権限移譲．

　すなわち，顧客・社会のニーズや環境の変化への気づきの感度を
上げることを常に心がける．そのためには，他部門や他社で起こっ
ている品質不正例にも学ぶことはもちろんのこと，組織内外のベス
トプラクティスに学ぶことが有効となる．そして，いつも同じメン
バーではなく，顧客・社会，他機能・他分野・他社の人々と意見を
交わして異なった考え方や見方から新たな気づきの感度を上げる必

表 4.5　法令，規格，契約等に関してのセルフアセスメント例

セルフアセスメント項目	確認結果
・自部門が拘束される法令，規格，契約類を把握するプロセスがあるか	
・法令，規格，契約（顧客先ごと）類の具体名は何か	
・具体的な要求事項は何か	
・要求事項の理解は十分か（専門教育を受けているか）	
・要求事項を満たせる工程能力が十分か，エビデンスがあるか	
・法令，規格，契約類を常に守れるような具体的なプロセスに落とし込んでいるか	
・その標準名（手順書，チェックシート等）は何か	
・落とし込んだプロセスの完成度に問題ないか	
・そのプロセスを誰に担当させているか	
・その担当者への教育・訓練は十分か	
・決められたプロセスどおりに実施されていてエビデンスが取られているか	
・守られていることの確認を誰がどのような方法（ツール，間隔等）で行っているか	
・基準から外れたことがわかるプロセス設定がされているか	
・基準から外れた場合の応急処置・再発防止法を決めているか	
・それらの判断者，実施責任者を決めているか	
・重大な外れが生じた場合のエスカレーション方法を決めているか	
・重大な外れが生じた場合に，顧客，規格主幹区，監督官庁に連絡・報告するプロセスを設定しているか	
・外れた経験があるか，その際の対応法に混乱がなかったか	
・その際に，リスクマネジメント，クライシスマネジメント両面からプロセス改善をしたか	

要がある.

　これらの行動から，中間管理職層以上が自身の力をつけることは
もちろんのこと，部下にも同様に力をつけさせて，可能な限りに権
限委譲をすることで新たな顧客価値創造につなげる行動が望まれる.

 4.6　JSQC 規格の活用拡大

（1）　JSQC 規格の種類

　表 4.6 に JSQC 規格の一覧を示す．これらの規格は，TQM の全
体像を示すためのもの及び各活動要素にどう取り組むのがよいのか
を示したものから構成されている.

　組織で行っている活動を経営環境の変化に応じて柔軟に変え，維
持していくには，プロセスの改善・革新と維持向上が必要である.

表 4.6　発行済み・計画中の JSQC 規格

発行年	番号	タイトル	備考	JIS 化
2011	00-001	品質管理用語	2018 年改訂	
2022	11-001	TQM の指針	準備中	
2019	22-001	新製品・新サービス開発管理の指針	英訳版あり	準備中
2015	21-001	プロセス保証の指針	英訳版あり	JIS Q 9027
2013	32-001	日常管理の指針	英訳版あり	JIS Q 9026
2016	33-001	方針管理の指針	英訳版あり	JIS Q 9023
2015	31-001	小集団改善活動の指針	英訳版あり	JIS Q 9028
2017	41-001	品質管理教育の指針	英訳版あり	JIS Q 9029
2016	89-001	公的統計調査のプロセス―要求事項と指針	準備中	準備中
		（仮）リスクマネジメント・クライシスマネジメントの指針	今後の予定	

その上で，様々な考え方や能力を持つ人からなる組織において，これらを確実に行うには，"方針管理""日常管理""小集団改善活動"を実践することが大切である．また，これらの活動を担う能力を持つ人を育成するには，"品質管理教育"を組織的に行うことが必要である．さらに，顧客・社会のニーズを確実に満たすためには，これらの基盤をもとに"プロセス保証"や"新製品・新サービス管理"に取り組むことが大切である．

　"TQMの指針"は，上記の6つの活動を適切に組み合わせて各々の組織の状況に合ったTQMをつくり上げる指針をまとめている．経営目標・戦略を達成するために必要なTQM推進計画の策定方法，実践方法，実践結果に基づいた見直し等も示されている．

　なお，品質不正や各種トラブル防止の面から，"リスクマネジメント・クライシスマネジメントの指針"のJSQC規格制定を提案中である．これは，品質不正を起こさないようにすることはもちろんのこと，顧客・社会のニーズを先取りする製品・サービスを提供できるプロセス・システムを整備し，その向上を図る上でも欠かせないと考えている．

(2)　各JSQC規格の特徴と活用場面

　顧客・社会のニーズは常に変化し，そのニーズを今や顧客に聞いてもはっきりとした答えが得られにくくなっている．そのため，潜在ニーズを先取りし提案する型での"未知価値"創造の重要性が高まっている．したがって，潜在ニーズの把握，ニーズを満たすためのシーズ（技術，リソース等）の確保とニーズとの融合が経営の最

も重要な課題となっている.

　このような状況下では, トップマネジメントがリーダーシップを発揮し, 自組織が目指す姿を経営目標・戦略として定め, その達成のために強化する (不足している) 組織能力を明らかにすることが必要となる. この組織能力向上には様々なマネジメントツールの活用が考えられるが, その一つが TQM である.

　TQM の活動要素を扱った JSQC 規格の中で品質不正と直接関係が深いのは, "日常管理の指針" である. そのため, 4.3 節では日常管理の充実について詳しく説明した. 品質不正と関わりの深い人の不適切な行動を防ぐ上では, 各々の職場で標準化 (標準書の作成・改訂, 標準書どおり業務を行うための知識・スキルの教育・訓練, 意図的な不遵守や意図しないエラーの防止) に取り組むとともに, 異常 (いつもと異なる現象) をもとに標準化の不十分な点を顕在化させ, 原因となったプロセスの不安定さが二度と起こらないようにすることが大切である.

　なお, 日常管理は現場で活用するものとの誤解が見られるが, トップマネジメントから現場第一線までの全ての階層で必要なアイテムである. 特に重点管理対象に関しては, 4.3.3 項で触れたように, 管理項目等を通じてトップマネジメントから現場第一線までつながっていることが必要となる.

　また, 日常管理をベースに, 狙いどおりの製品・サービスを確実に提供できるよう, 工程能力の評価・改善, トラブル予測と未然防止, 効果的・効率的な検査・確認に取り組む上では, "プロセス保証の指針" が役立つ. さらに, プロセス保証の考え方を新製品・新

サービスプロセス全体に適用し，品質保証・顧客価値創造に向けて組織として行うことを明確にする上では "新製品・新サービス開発管理の指針" が役立つ．

　しかし，プロセス保証や新製品・新サービス開発管理を通して行うことが明らかにできても，それを実現できる能力が組織に備わっていなければ実効性のあるものにはならない．そのため，組織として目指す目標に基づいて取り組む問題・課題を明らかにして共有する活動，明らかになった問題・課題を少人数のチームを編成して解決・達成する活動，組織で働く一人ひとりに必要なマネジメント能力を身につけてもらうための活動等にも取り組む必要がある．その際に参考になるのが，"方針管理の指針" "小集団改善活動の指針" "品質管理教育の指針" である．

　したがって，JSQC 規格の適用にあたっては，部分的に活用するのは適切でなく，一体のものとして活用することが望まれる．品質不正や各種品質トラブルを起こしてしまった組織（企業）の中には，組織をあげたプロセスやシステムの見直し・再構築に際して，経営層・中間管理職層から JSQC 規格を学び，その活用を図っているところが出てきている．今後，より一層の活用拡大が望まれる．

(4.7) グローバル視点に立った顧客価値創造の追究

　顧客価値創造は，顧客創造でもある．ピーター・F・ドラッカーは，『企業の目的は，それぞれ企業の外にある．企業は社会の機関であり，目的は社会にある．事業の目的として有効な定義は一つし

かない．顧客の創造である．』[13]という考えで顧客創造を経営の重要
な核に位置付け，経営の目的は"顧客創造にあり"という考えを強
く提唱した．これは，各種 Q の構成を示した図 4.1 と同じことを
意味していると考えられる．

（1）　無理なコスト競争に巻き込まれない先取り新規事業展開

　グローバル化が進む中で，日本におけるこの 30 年（1991 年と
2021 年の対比）の名目 GDP 伸び率は，約 1.1 倍の 500 兆円台近
辺でほとんど変わらない．これに比べて，競争相手として成長して
きたアジア諸国の伸び率は，ベトナム 86 倍，インドネシア 56 倍，
中国 52 倍，韓国 8.5 倍，タイ 6.3 倍等とすさまじい．

　サプライチェーンのグローバル化によって，安価で良質な品質を
つくることができるようになり，ものづくりの中心が日本から上述
の成長率が高い国々へと移り流れていくのは自然の成り行きであっ
た．部品やモジュールの場合，コストカット要求が一度に数十パー
セントにも及ぶことがある．3.3 節でも触れたように，日本の企業
は米国や途上国といわれてきたアジア諸国より利益率が低く，損益
分岐点に近いオペレーションが少なくない．このような状況下でつ
くり続けるとコスト競争に巻き込まれて無理が生じ，第 2 章でみ
てきたような人員削減や，設備投資できない等の負のサイクルに陥
ることになる．

　このような状況に追い込まれないためには，革新的な製造法開発

---

13)　ピーター・F・ドラッガー著，上田惇生訳(2006)：現代の経営（上巻），ダイヤモ
　　ンド社，p.46

による大幅なコストカットを実現するか，又は図 4.11 に示す事業
の成長曲線のように，萌芽期，成長期を経て，成熟期を少しでも長
くなるような延命を図りながらも，いずれは衰退期になる．その
際，いかにして衰退期に入る前にこのような分野からの撤退や売却
等も早めに検討し，新規事業への切り替えによって新たな顧客価値
を創造していくかという 4.1.1 項で取り上げた"Q4：事業戦略の
質"が重要となる．

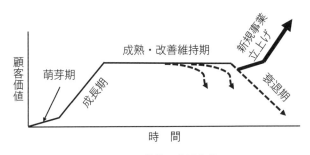

図 4.11　事業の成長曲線

（2）　ローカルからグローバルスタンダードへの切り替え

　日本の卓越した製品・サービスづくりは，細分化された専門の職
人が多く存在し，一度その道を目指したら一生その道を究めるとい
う価値観が長い間支配的であった．

　新人は丁稚奉公から入り，"見て覚えろ""技術は盗め"として何
十年もの修行を重ねて親方から弟子へ，そのまた弟子へと受け継が
れてきた．そこには，最初から標準にあたる書き物は存在してこな
かったが，目で見て勘所を盗み，何十年も修行を重ねる中で親方の

手順を体に染みこませてきたモノづくりの結果，買い手の顧客との間には迷惑をかけるようなことなどはあり得なく，絶大な信頼関係の中で商いが成り立ってきたという伝統があった．この伝統が，その後の "Made in Japan" をゆるぎない世界ブランドへと押し上げる原動力となった．

これに対して，今回取り上げた品質不正を起こした組織の多くをみると，法令や規則どおりに，又は顧客と約束したとおりにたとえ実施しなくとも，顧客には迷惑（クレームや各種品質トラブルの発生）をかけないという価値観が根底に流れているように思われる．

しかし，21世紀に入って "企業の社会的責任（Corporate Social Responsibility）（以下，CSR という．）" が叫ばれるようになり，コンプライアンス，地球環境対応等が求められるようになると同時に "プロセスの見え化" の要求が高まってきたのである．

これは，"顧客には迷惑をかけない" とか "実質的な品質問題はない" という価値観ではなく，法令や規格を満たしているのか，契約や約束した取り決めどおりの条件や手順で行っているかのプロセスの見える化に準じた実施状況のエビデンス化の要求でもあったのである．このような価値観への全社的・全グループ的な早期切り替えが必要なのである．

品質不正を起こした大多数の組織が QMS 認証を受けていたが，実際には従来の価値観が優先し，決めたとおりに実施して，その状態のエビデンスを残すことが基本の QMS 認証との自己矛盾を抱えていたように思われる．

その後に施行された "会社法" や "金融商品取引法" が求めると

ころによって，内部統制の質を高めるべくリスクを洗い出して，各々のリスクに対して事前対応をするリスクマネジメントの整備が求められてきた．しかし，この切り替えを組織的に行わずに，旧態依然のままの価値観の組織がいまだに相当数あることが品質不正につながっているのではないかと思われる．決められた又は約束したとおりに実施していることをエビデンス化することへの早期の組織的な切り替え活動が待たれているのである．

(4.8)　誠実でオープンな組織文化・風土の醸成

　組織能力を高めるために，図4.1の各種Qの構成図の中でその基盤をなすのは"Q6：組織文化・風土の質"である．

（1）　誠実の追究

　3.1節では，取り上げた品質不正の事例の多くが中間管理職層以上のリーダーシップによって品質不正の端緒が形成されたと推察されることを述べた．これから考えると，組織活動に多大な影響を及ぼすリーダーシップは，自覚の有無にかかわらずに，現在のある組織文化・風土から多大な影響を受けることもあり，又は自らの意志によって新しい組織文化・風土を創造し始めることにもなる．そのために，リーダーシップ発揮にあたっては，いかなる哲学に基づいて判断するかの根源的な問いが必要であると思われる．

　その一つの答えが"誠実：インテグリティ（integrity）"であろう．これは，個人の倫理・道徳をもとに，人が見ていようがいまい

が，個人の内面から自発的・自律的にわきあがる規範であり，悪いことをしないという消極的なコンプライアンスではなく，"いかなる場合でも正しいことをするという信念に基づいた積極的な捉え方"である．

この考え方に基づけば，品質不正を防ぐには，"誠実な考え方とそれに基づく行動しか行えない・行わない"強い組織文化・風土の醸成が必須となる．このためには，組織全体がこの価値観を意識して礼賛する文化・風土の醸成をあらゆる機会を通じて揺らぐことなく継続していくことが重要となる．

組織文化・風土は，一朝一夕に変わるものではなく，構成員全員が心してつくりあげていく領域であるが，特にトップマネジメントの強いリーダーシップと率先垂範が欠かせない．加えて，人間個人は完全であり得ないので，組織として完全を補完・担保するための工夫や仕掛けが必要となる．

最初は悪いと思いながらも，苦しくなると隠したり改ざんしたりする組織文化・風土は，長い間かけて組織全体の隅々までカビのように染みついていくのであり，このような兆候が表に出始めたときには相当なエネルギーと意識した行動をしていかないと変えられないことになる．

また，これを変えようとする場合，禁止事項通達式のトップダウン型ハードアプローチだけでは，歪みが埋没して沈黙化しかねない．身の周りの問題や課題を躊躇することなく親身になって相談でき，組織の支えがある等のソフトアプローチの充実があってはじめて倫理観が発揮される土壌が醸成されることを理解して取り組むこ

とが大切である．

　結局，最後は構成員一人ひとりの正義感や倫理観に委ねられるが，全ての構成員がこれらの価値観で行動する人づくりと，それを支える組織文化・風土の醸成が不正防止の最後の砦となる．

　このような組織文化・風土を醸成するためには，全階層に対して，継続的にコンプライアンス，リスクマネジメント，クライシスマネジメント等の組織内外の事例等を参考に，それらの個々の事象で"最も望ましい誠実な行動とはどのようなものであるか"を議論し，共有し，繰り返して教育・訓練していくことが必要になる．

　この誠実な組織風土・文化の醸成のもとになるのは人づくりであり，全構成員への絶えざる学びの環境整備とその実践が欠かせない．

(2)　基本的な深いところで保たれている前提認識の追究

　3.4.1 項では，組織文化・風土は，レベル1：人工の産物，レベル2：信奉された信条と価値観，レベル3：基本的な深いところで保たれている前提認識として捉えられることを説明した．

　これは，組織文化・風土は，掲げたり，説明したりすれば構成員が理解し実施してくれるものではないことを示している．

　最も大事な点は，構成員が長年深いところで保たれ続けてきている，いや続けてこざるを得なかった前提認識にこそ光を当てて因果関係を解明しない限り，レベル1，レベル2とレベル3との間では断層が生じて難なく併存してしまうことになる．

　したがって，起こってしまった品質不正や各種トラブルに対処す

るに際して，現象面にとどまることなく，起きてしまった事象のレベル3の追究，すなわち"基本的な深いところで保たれている前提認識"にメスを入れない限り，品質不正の芽は摘めないということになろう．

また，今後品質不正を起こさないための未然防止策の99％は，経験した事象の再発防止策である．よって，自社グループ内の顕在化した品質不正や各種トラブルはもちろんのこと，他社のそれらもできる限り情報収集をして未然防止につなげる活動が欠かせない．

(3) 異常管理を組織全員で責めることなく行う組織文化・風土

4.3節では，日常管理の充実にあたって，管理項目による異常管理と人間の五感による"何か変"が異常検知であることが大切なことを述べた．異常が組織で即共有され，迅速に対応されることが基本であって，何でも言えるオープンな組織で隠しごとや言いにくいことがないような組織文化・風土の醸成が望まれる．

また，異常や問題が起こった際に，人を責めてはならない．起こっている事実に学び，二度と起こさないようなプロセス整備とマネジメントの改善に結びつける行動こそが必要であり，人を責めると沈黙化して，異常が問題に，問題が品質不正へと進展しかねない側面を持つ．

なお，万一意図的に品質不正を起こした場合でも，そうせざるを得なかった背景まで含めた真因の追究による再発防止が必要なことは言うまでもない．

4.9 公正・公明な人事評価と品質不正関与が懲罰の対象であることの明確化

(1) 公正・公明な人事評価

　人事評価において，成果面での目標達成度合，能力向上度合等に加えて，品質不正を含む各種不正根絶のためのコンプライアンス遵守度合，日常管理の忠実実施度合，もしもの場合の品質不正を正そうとする態度等を評価項目として追加することが望まれる．経営方針や行動指針などから外れていることに気づいて，言うべきことを言った際に，人事評価面で恣意的な評価を受けることがないようにするために，多面評価や人事評価公正委員会等の運営によって，より公正で公明な人事評価への改善が一層望まれる．

(2) 品質不正関与が懲罰の対象であることの明確化

　3.1節で見たように，多くの品質不正は，経営層や中間管理職層のリーダーシップのもとに決定して実行に移されたと思われるものが少なくないので，それらの対策が必要である．経営層については，刑事罰の対象になった者，辞任や減給の処分の場合は公表されているが，従業員については，各種報告書やメディア情報にもなく詳細が不明であり，懲罰の対象になっていない可能性が高いと推測される．

　今後は，経営層，中間管理職層を含めた構成員の全てが，品質不正を行ってはならないこと，行えば懲罰の対象になる旨をコンプライアンス基本方針，就業規則，品質保証規定等のどこかに明記し，組織をあげて顧客・社会への信頼に応えていくことが必要と考えられる．

第5章 人づくりの重要性の再確認

　"モノづくりの前に人づくり"という言葉は，日本の著名な経営者の格言というべき伝統を持つ．また，近年生み出されたマネジメントツールの一つであるバランストスコアカードでも，"財務の視点"としての卓越した利益を生み出し，継続して成長するためには，"顧客の視点"として顧客・社会のニーズをくみ取ること，"内部プロセスの視点"としての未知価値をも創り出すプロセスを整備することが必要とされている．そして，その根底を成すのが"学習・成長の視点"であり，構成員全員の力量の向上なくして成長なしの構造となっている．

　日本の国際競争力は，残念ながら下がり続けて往時の面影はない．組織能力向上の基盤は何といっても人づくりにあり，品質不正をなくす上でも，経営層・従業員全員の力量の向上が欠かせない．

　人づくりは第4章の根幹を成すが，その重大性からあえて本章を独立させ，品質不正のみならずに国際競争力向上の視点も加えて考察することにする．

5.1 懸念される教育貧困の実態

　2.2，2.3節で，半数以上の企業で完成検査に必要な教育もまと

もに受けていないという記述が見られた．日本を代表し，牽引するような組織においてさえも，人づくりが疎かになっていないかという懸念をぬぐい切れない．QMS 認証が求める基本の一つに“必要な教育を受けた者を業務に就かせる”があるが，これさえもできていないことになり，認証継続してきていることが不思議ということになる．

　また，国内製造業対象の調査で，品質不正を含めた品質トラブル要因のトップが“従業員教育の不足”であることからも，教育が疎かになっていることが伺える（図 5.1 参照）．

　これらを裏付けるかのように，厚生労働省の国際比較データによると，“業務遂行上で構成員能力不足による支障あり企業割

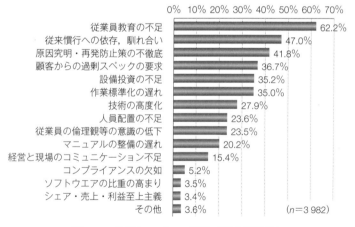

図 5.1　品質トラブルの原因（国内製造業）

［出典：経済産業省・厚生労働省・文部科学省，2019 年ものづくり白書（PPT 版），p.8］

合"で日本はワースト1位であり，G7比較でも他の国々が40%以下に対して，81%と突出して高い（図5.2参照）．

　また，"GDPに占める企業の能力開発費割合"では，OJT関係は除くという条件ながらもG7比較では最下位で，直近では，米国の1/20程度と極めて低い（図5.3参照）．

　品質不正撲滅の観点からは，リスクマネジメントや日常管理の基礎は，組織構成員全員が知っていなければならない事柄である．

　特に，経営層や中間管理職層は，会社法が求めている要求事項の理解と率先垂範は必須事項というべきである．要は，人づくりをしない限り，品質不正を防げないばかりか，日本の国際競争力向上は望めない．よって，あらゆる組織において，人づくりを競争力強化の基盤にすることが強く望まれる．

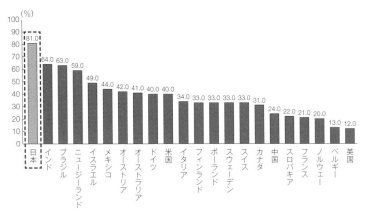

図 5.2　業務遂行上で構成員能力不足による支障あり企業割合

［出典：厚生労働省，平成30年度労働経済の分析，p.86］

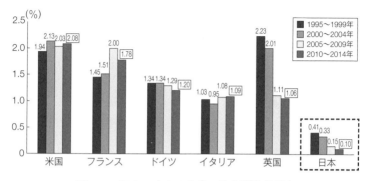

図 5.3　GDP に占める企業の能力開発費割合

［出典：厚生労働省，平成 30 年度労働経済の分析，p.89］

5.2　日本の国際競争力の推移から見える課題

（1）　人づくり投資拡大の必要性

　スイスの研究調査機関 IMD（International Institute for Management Development）が公表している国際競争力ランキングで，1980 年代に "Japan as No.1" と言われたような世界を席巻した姿は現在どこにも見られない．1990 年代前半では 1 〜 4 位ながら，2019 年以降は 63 か国中 30 位台に低迷し，直近の 2022 年では 34 位である．ちなみに，アジア勢では，シンガポール 3 位，台湾 7 位，中国 17 位，韓国 27 位等であり，日本はアジア 14 か国中で 10 位に甘んじている．

　同競争力指標は，4 つのメインファクター（経済パフォーマンス，政府の効率性，ビジネスの効率性，インフラ整備）と，この大分類を構成する 5 要素の計 20 項目であり，項目ごとにも順位付

けされている．2022 年の日本の 4 大メインファクターによる順位
は，表 5.1 で示すように，特に“ビジネスの効率性”分野が 2015
年比較で総合順位を押し下げている主要因であることがわかる．

　また，2022 年のビジネスの効率性に関する一部の指標とそれら
の順位を表 5.2 に示す．63 か国比較から次のようなことが見えて
くる．

　重要な評価項目で 63 か国中最下位項目が目立ち，由々しき状態
にあるといえる．最下位なのは，“市場変化に対する企業対応の俊
敏性・機敏性”“企業の機会と脅威に対する迅速な対応性”“新しい
課題に直面したときの柔軟性と適応性”等である．その要因として
は，“管理職の国際経験が少ない”上に，“有能な管理職の質や量”
が乏しく，また，“企業内のデジタルトランスフォーメーション”
の整備が遅れ，“ビッグデータ分析の意思決定への活用”も最下位
であることを考えれば，国際競争力順位を落としている要因が浮か
び上がってくる．これらの結果，生産性は大企業も中小企業も 60

表 5.1　IMD 世界競争力年鑑順位推移比較

評価指標	2015 年	2022 年
経済パフォーマンス	29	20
政府の効率性	42	39
ビジネスの効率性	25	51
インフラ整備	13	22
総　　合	27	34

［出典：IMD（International Institute for Management
Development）発行の World Competitiveness Yearbook
の 2015 版及び 2022 版．］

位台とほぼ最下位同然である．また，"海外高スキル人材にとっての魅力度合"も50位台と低い．

　これらの背景には，世界の進歩・発展から取り残されていながらその変化に鈍感で，今までの日本流のやり方から脱し切れない姿と品質不正を続けている組織文化・風土が重なっているように思われる．なお，品質不正を出しながら，"企業の社会的責任の認識と果たし度合"の評価が4位と高く，矛盾しているように見えるが，この調査が各種統計資料と経営者へのアンケートが含まれていることから，後者の影響の可能性が考えられなくもない．

　また，顧客・社会が求めている未知価値創造の拡大には，知価革命が必要といわれている．そのためには，仕事と並行したリスキリ

表5.2　ビジネスの効率性に関する主要項目の順位

区分	分解項目	順位
低い	市場変化に対する企業対応の俊敏性・機敏性	63
	企業の機会と脅威に対する迅速な対応性	63
	ビッグデータ分析の意思決定への活用	63
	新しい課題に直面したときの柔軟性と適応性	63
	企業内のデジタルトランスフォーメーション	63
	管理職の国際経験度合	63
	管理職の起業家精神	63
	国際基準から見た大企業の効率性	62
	国際基準から見た中小企業の効率性	61
	有能な管理職の質と量	61
	海外高スキル人材にとっての魅力度合	54
高い	企業の社会的責任の認識と果たし度合	4
	顧客満足度の重視	11

［出典：IMD（International Institute for Management Development）発行のWorld Competitiveness Yearbook の2022版．］

ングはもちろんのこと，一旦仕事から離れたリカレント教育制度の導入・拡大などによって大胆な改善が欠かせないであろう．加えて，世界の頭脳の雇用・活用等の国際化の拡大等も必要となろう．

(2)　意思決定のスピード向上

表 5.2 において“市場変化に対する企業対応の俊敏性・機敏性”“企業の機会と脅威に対する迅速な対応性”が最下位であることに代表されるように，素早い対応や変化への適用性等，時間軸に関係する事項は最下位水準にある．途上国といわれてきたアジア諸国と比較しても，筆者の少ない経験ながら，日本は“和して決せず”と揶揄されるほどに意思決定が遅いとの批判をよく聞く．日本で多くみられるのは，使命・役割の認識が曖昧なまま，調整というループを何回も回して時間を浪費しているとの批判が多い．

この領域は，設備投資も経費もかけなくて済む．職位ごとに任された組織の使命・役割をしっかりと認識し，前項での必要な教育を必ず行うことによるエンパワメントで権限委譲を確実にすることと併せて，少なくとも今までの慣習の“1 か月を 1 週間”で，“1 週間を 1 日”で，“1 日を 1 時間”で，決するスピード感が組織能力向上に欠かせないと思われる．

176

付録資料
2015～2022 年の主な品質不正一覧

年	月	業種 （日経業種分類）	主な品質不正内容	
2022	1	繊維	プラスチックで UL 規格替え玉サンプル捏造	＊
2021	12	行政機関	決裁文書改ざん	
	12	行政機関	建設工事受注動態統計データ改ざん	
	9	自動車	一部検査未実施等不正車検捏造	
	7	化学	ゴム防舷材，タイヤで検査データ改ざん	
	6	電気機器	鉄道車両空調設備等で検査データ捏造	
	4	電気機器	開閉器で UL 規格替え玉サンプル捏造	＊
	3	電気機器	有機材料で UL 規格替え玉サンプル捏造	＊
	3	医薬品	薬機法違反で業務停止，不適合ロット改ざん	
	2	医薬品	薬機法違反で業務停止（異成分混入他）	＊
2020	10	繊維	プラスチックで UL 規格替え玉サンプル捏造	＊
	10	電気機器	カーオーディオ欧州 RE 指令違反（改ざん）	
	9	自動車	シートベルトの強度データ改ざん	
	4	鉄鋼	特殊鋼・磁性材製品で検査データ改ざん	
	2	電気機器	パワー半導体モジュール検査データ改ざん	＊
2019	12	建設	施工管理技術士の不正取得	
	4	自動車	無資格者による検査，検査データ改ざん	
	3	輸送用機器	航空機内装品での無資格検査，業務規定違反	＊
	1	機械	無資格者による検査，業務規定違反隠蔽	
	1	機械	半導体装置他検査データ改ざん	＊
2018	12	行政機関	毎月勤労統計集計調査規定法改ざん	＊
	10	自動車	免震／制振ダンパーで検査データ改ざん	＊
	10	化学	エポキシ樹脂封止材で検査データ改ざん	＊
	8	自動車	燃費・排出ガス検査データ改ざん	
	8	自動車	燃費・排出ガス検査データ改ざん	
	8	自動車	燃費・排出ガス検査データ改ざん	
	7	自動車	燃費・排出ガス検査データ改ざん	＊
	6	非鉄金属	銅スラグ他で改ざん，JIS 認証の取り消し	＊
	2	化学	低密度ポリエチレン製品で品質データ捏造	
	2	非鉄金属	検査データ改ざん	＊
	2	化学	樹脂等の品質データ捏造	＊
	1	卸売	ゴム製品で品質データ改ざん	

（続き）

年	月	業　種 (日経業種分類)	主な品質不正内容	
2017	12	自動車	燃費・排出ガス検査データ改ざん	＊
	11	電気機器	LED部品等で製造拠点改ざん	＊
	10	電気機器	黄銅条や銅条製品の検査データ改ざん	＊
	10	自動車	無資格者による検査違反，改ざん	＊
	10	鉄鋼	アルミ，銅，鉄鋼製品等で検査データ改ざん	＊
	9	自動車	無資格者による検査違反，改ざん	＊
	6	ゴム製品	原薬無登録品使用の捏造	
	2	非鉄金属	シール材の寸法と材料物性の測定値改ざん	＊
2016	6	鉄鋼	ばね用ステンレス鋼線の試験データ改ざん	
	5	自動車	燃費試験データ改ざん	＊
	5	建設	空港工事データ改ざん	
	4	自動車	軽自動車の燃費試験データ改ざん	
2015	10	建設，不動産	杭打ち工事データ改ざん	＊
	6	ゴム	防振・免振ゴム性能データ改ざん	＊
	5	医薬品	承認内容と異なる不正ワクチン製造隠蔽	

注　＊印は"視点3"（2.4節）の対象組織を示し，1社で年月異なる複数件の品質不
正あり．

本著執筆のもととなった主な活動とその発信情報

JSQC 信頼性・安全性計画研究会活動と関係論文

- 岡部康平(2019)：信頼性・安全性計画研究会活動：品質不正チェックリストの提言，品質，Vol.49, No.3, pp.12-13
- 永原賢造(2019)：品質関連不正の未然防止強化に関する提案（その1；自動車関連を通じて），品質，Vol.49, No.3, pp.14-22
- 永原賢造(2019)：品質関連不正の未然防止強化に関する提案（その2；素材関連を通じて），品質，Vol.49, No.4, pp.19-27
- 於保鴻一(2019)：品質関連不適切行為の未然防止に関する提言（その1），品質，Vol.49, No.4, pp.28-36
- 横山真弘(2020)：品質保証に関するコンプライアンス順守に向けた組織のあるべき姿，品質，Vol.50, No.1, pp.14-19
- 於保鴻一(2019)：品質関連不適切行為の未然防止に関する提言（その2），品質，Vol.50, No.1, pp.20-25
- 金子龍三(2020)：提言　実務型品質マネジメントシステムに基づく点検項目―不成功の発生防止―，品質，Vol.50, No.2, pp.22-31
- 金子龍三(2020)：提言　実務型持続的品質マネジメントシステムに基づく点検項目―不正行為の持続的発生防止―，品質，Vol.50, No.3, pp.24-29
- 岡部康平／永原賢造／金子龍三／於保鴻一／横山真弘(2020)：品質関連不正行為への提言についての研究会討論（前編），品質，Vol.50, No.3, pp.43-49
- 岡部康平／永原賢造／金子龍三／於保鴻一(2021)：品質関連不正行為への提言についての研究会討論（後編），品質，Vol.51, No.1, pp.13-19

JSQC 規格『テクニカルレポート（TR）　品質不正防止（TR12-001:2023）』発行活動

- 原案作成活動，パブリックコメント対応活動，審議委員会，TR 発行，TR 講習会など

索　引

【あ行】

ISO 9001 品質マネジメントシステム（QMS 認証）　40
IMD（International Institute for Management Development）172

維持向上　107
異常警報装置（アンドン）　143
異常の検出　146
異常の見える化　143
移転　130
違反　21, 39, 51
隠蔽　21, 39, 51

SDCA サイクル　136
エドガー・H・シャイン　90

【か行】

改ざん　21, 39, 51
会社法　24, 120
改善　107
回避　129
革新　107
監査　55, 85
完成検査　26, 78
願望価値　15
管理項目　142
管理水準　142

企業の社会的責任　163
企業理念　41
期待価値　15
機能不全　54
基本価値　15
Q1：製品の品質・サービスの質　102
Q2：プロセス・システム整備の質　103
Q3：実施・改善の質　103
Q4：事業戦略の質　103
Q5：経営方針の質　103
Q6：組織文化・風土の質　104
Q7：ブランドの質　104
QMS 認証　52
教育と訓練　141
局所要因　62

クライシス　134
　——マネジメント　74, 112, 133
グローバル　160
　——化　78
　——スタンダード　162

経営資源　118
経営姿勢　72
経営理念　72
軽減　129
現場軽視　72
現場第一線　118

工程能力　56
行動規範　41
行動指針　71
顧客価値　15
　　──創造　13
国際競争力　172
　　──ランキング　172
コスト競争　161
コンセプチュアルスキル　114
コンプライアンス　21, 53, 73
　　──教育　153
根本原因　148

【さ行】

再発防止策　85
差し替えサンプル（替え玉受験）
　43

CSR　162
JSQC 規格　157
自動車メーカー　26, 32
収益偏重　55, 72
就業規則　87
集約　144
受容　130
小集団改善活動（小集団活動）
　108, 111
常態化した品質不正　65, 70
人事評価　86, 168
新製品・新サービス開発管理
　109

誠実　94, 164
製品の品質・サービスの質
　102

セルフアセスメント（自己評価）
　154

素材メーカー　33, 37
組織設計　78
組織能力　89, 95
組織文化・風土　90, 95, 119
組織要因　60

【た行】

第三者委員会調査報告書　26,
　53

知価革命　174

TQM　105
テクニカルスキル　114
テスター検査　27
展開　144

特別採用（特採）　37, 74
トップマネジメント　38, 117

【な行】

内部監査　152
内部通報制度（公益通報制度）
　77, 152
内部統制　73, 82, 119
難燃性（UL 94）　43

日常管理　56, 84, 108, 110,
　136
日本経営品質賞　155

捏造　21, 39, 51

燃費・排出ガス検査　27

【は行】

ピーター・F・ドラッカー
　160
PDCAサイクル　57, 137
ビジネスの効率性　173
人づくり　169
人の固定化　54
人の不適切な行動　60
ヒューマンスキル　114
標準　139
品質管理教育　108, 112
品質軽視　72
品質不正　20, 25
　――の長期常態化　59
品質保証　13

フォローアップサービス（FUS）
　42
不祥事　18
不正　18
　――競争防止法　22
　――の合理化　67
　――の社会化　69
　――の制度化　66
部門の使命・役割　138
プロセス保証　109

方針管理　110

【ま行】

未知価値　15

無資格検査員検査　27

モニタリング　122

【や行】

UL規格　42

【ら行】

リーダーシップ　64, 117
利益率　88
リカレント　175
リスキリング　174
リスク　121
　――回避／排除，軽減，移転
　126
　――算定（分析）　127
　――発見・特定　126
　――評価　126
　――マネジメント　74, 112,
　124

ロバート・L・カッツ　114

JSQC選書35

品質不正の未然防止
　JSQCにおける調査研究を踏まえて

2023年10月5日　　第1版第1刷発行

監 修 者　一般社団法人　日本品質管理学会

著　　者　永原　賢造

発 行 者　朝日　弘

発 行 所　一般財団法人　日本規格協会

　　　　　〒108-0073　東京都港区三田3-13-12 三田MTビル
　　　　　https://www.jsa.or.jp/
　　　　　振替　00160-2-195146

製　　作　日本規格協会ソリューションズ株式会社

製作協力・印刷　日本ハイコム株式会社

●当会発行図書，海外規格のお求めは，下記をご利用ください．
　JSA Webdesk（オンライン注文）：https://webdesk.jsa.or.jp/
　電話：050-1742-6256　E-mail：csd@jsa.or.jp

JSQC選書

JSQC（日本品質管理学会） 監修

1	Q-Japan	飯塚 悦功 著
2	日常管理の基本と実践	久保田洋志 著
3	質を第一とする人材育成	岩崎日出男 編著
4	トラブル未然防止のための知識の構造化	田村 泰彦 著
5	我が国文化と品質	圓川 隆夫 著
6	アフェクティブ・クォリティ	梅室 博行 著
7	日本の品質を論ずるための品質管理用語85	日本品質管理学会標準委員会 編
8	リスクマネジメント	野口 和彦 著
9	ブランドマネジメント	加藤雄一郎 著
10	シミュレーションとSQC	吉野 睦・仁科 健 共著
11	人に起因するトラブル・事故の未然防止とRCA	中條 武志 著
12	医療安全へのヒューマンファクターズアプローチ	河野龍太郎 著
13	QFD	大藤 正 著
14	FMEA辞書	本田 陽広 著
15	サービス品質の構造を探る	鈴木 秀男 著
16	日本の品質を論ずるための品質管理用語Part 2	日本品質管理学会標準委員会 編
17	問題解決法	猪原 正守 著
18	工程能力指数	永田 靖・棟近雅彦 共著
19	信頼性・安全性の確保と未然防止	鈴木 和幸 著
20	情報品質	関口 恭毅 著
21	低炭素社会構築における産業界・企業の役割	桜井 正光 著
22	安全文化	倉田 聡 著
23	会社を育て人を育てる品質経営	深谷 紘一 著
24	自工程完結	佐々木眞一 著
25	QCサークル活動の再考	久保田洋志 著
26	新QC七つ道具	猪原 正守 著
27	サービス品質の保証	金子 憲治 著
28	品質機能展開（QFD）の基礎と活用	永井 一志 著
29	企業の持続的発展を支える人材育成	村川 賢司 著
30	商品企画七つ道具	丸山 一彦 著
31	戦略としてのクオリティマネジメント	小原 好一 著
32	生産管理	髙橋 勝彦 著
33	海外進出と品質経営による成長戦略	中尾 眞 著
34	食の安全	荒木惠美子 著

日本規格協会　　https://webdesk.jsa.or.jp/